工科数学分析习题册

（第2版）

陈 和　贺 丹　潮小李　编著

东南大学出版社

·南京·

内 容 简 介

本书为“工科数学分析”课程的配套用书，全书共 8 章，内容包括一元函数的极限与连续、一元函数微分学及其应用、一元函数积分学及其应用、常微分方程（组）及其应用、向量代数与空间解析几何、多元函数微分学及其应用、多元函数积分学及其应用、无穷级数等。每一章节所配置的教学同步习题既有满足教学基本要求的基础题，还有帮助学生提升数学能力的拔高题；同时为方便学生复习、巩固所学知识，在每一章末还编写了一份测试卷，供学生自测。

本书可作为高等院校大一年级理工科类相关专业学生学习“工科数学分析”或“高等数学”课程的配套用书，也可供其他专业学生及老师参考。

图书在版编目（CIP）数据

工科数学分析习题册 / 陈和等编著. — 2 版.
南京：东南大学出版社, 2024. 9. — ISBN 978-7-5766-1555-5

I. O17-44

中国国家版本馆CIP数据核字第 2024EA2251 号

责任编辑： 吉雄飞　**责任校对：** 韩小亮　**封面设计：** 顾晓阳　**责任印制：** 周荣虎

工科数学分析习题册(第2版)　Gongke Shuxue Fenxi Xitice (Di 2 Ban)

编　　著　陈和　贺丹　潮小李
出版发行　东南大学出版社
社　　址　南京市四牌楼 2 号（邮编：210096　电话：025-83793330）
出 版 人　白云飞
经　　销　全国各地新华书店
印　　刷　常州市武进第三印刷有限公司
开　　本　889 mm×1194 mm　1/16
印　　张　21
字　　数　262千字
版　　次　2024 年 9 月第 2 版
印　　次　2024 年 9 月第 1 次印刷
书　　号　ISBN　978-7-5766-1555-5
定　　价　56.00 元

前　言

本书为高等院校“工科数学分析”或“高等数学”（工科类）课程的配套用书，由编者们结合多年的教学经验编写而成。本书主要特点如下：

（1）采用活页装订方式，在习题编排上力求循序渐进、由浅入深，既方便教师课后布置相关知识点的作业，也有助于学生及时理解和掌握课堂教学内容。

（2）所配备的习题涉及一元函数微积分、多元函数微积分、常微分方程、级数以及空间解析几何等相关内容，涵盖“工科数学分析”课程要求掌握的所有知识点，且题型丰富、题量大，既可加强对学生的基础训练，还能培养学生的创新性学习能力。

（3）每章末编写了一份测试卷，既有助于教师了解学生的学习情况，发现学生的问题和困难，及时调整教学内容和方法，提高教学质量和效果，也有助于学生复习、巩固所学知识，发现自己的不足之处，及时调整学习方法和计划，更好地掌握课程内容。

（4）附录中提供了部分习题的简要答案或提示，供学生自我检查、开拓思维。

本书第一章至第四章由贺丹负责编写，第五章至第八章由陈和负责编写，全书由潮小李、贺丹统稿。感谢东南大学数学学院对本书出版的大力支持。

由于编者水平有限，书中难免存在缺点和错误，恳请读者批评指正。

编　者

2024 年 7 月

目 录

第一章 一元函数的极限与连续 **1**

1.1 实数集及其完备性 1

1.2 数列极限 3

1.3 函数极限 9

1.4 无穷小量与无穷大量 15

1.5 函数的连续性 17

1.6 测试卷 21

第二章 一元函数微分学及其应用 **25**

2.1 导数 25

2.2 微分 41

2.3 微分学中值定理及其应用 45

2.4 函数性态的研究 59

2.5 测试卷 69

第三章 一元函数积分学及其应用 **75**

3.1 定积分的概念与性质 75

3.2 微积分学的基本定理 79

3.3 不定积分的换元积分法与分部积分法 83

3.4 定积分的换元积分法与分部积分法 91

3.5 定积分的应用 95

3.6 反常积分 101

3.7 测试卷 105

第四章 常微分方程（组）及其应用 **111**

4.1 几类简单的微分方程 111

4.2 高阶线性微分方程 119

4.3 一阶常系数线性微分方程组解法举例 125

4.4 微分方程应用举例 126

4.5 测试卷 127

第五章 向量代数与空间解析几何 **131**

5.1 向量及其运算 131

5.2 空间直角坐标系及向量运算的坐标表示 133

5.3 平面与直线 137
5.4 空间曲面与空间曲线 143
5.5 测试卷 147

第六章 多元函数微分学及其应用 153

6.1 预备知识 153
6.2 多元函数的极限与连续 155
6.3 多元数量值函数的偏导数与全微分 159
6.4 多元数量值函数的微分法 165
6.5 方向导数与梯度 173
6.6 Taylor 公式与极值 177
6.7 向量值函数 183
6.8 多元函数微分学的几何应用 184
6.9 测试卷 191

第七章 多元函数积分学及其应用 199

7.1 多元数量值函数积分的概念与性质 199
7.2 二重积分的计算 201
7.3 三重积分的计算 211
7.4 含参变量的积分与反常重积分 219
7.5 第一型曲线积分与第一型曲面积分 221
7.6 数量值函数积分的应用 227
7.7 第二型曲线积分与 Green 公式 235
7.8 第二型曲面积分 243
7.9 Gauss 公式与 Stokes 公式 247
7.10 场论初步 251
7.11 测试卷 255

第八章 无穷级数 267

8.1 数项级数 267
8.2 函数项级数 277
8.3 幂级数 281
8.4 Fourier 级数 291
8.5 测试卷 297

附录 习题参考答案或提示 307

第一章　一元函数的极限与连续

1.1　实数集及其完备性

习题 1.1.1. 设 $A \subseteq \mathbf{R}$, 分别写出集合 A 无上界和无下界的定义.

习题 1.1.2. 讨论下列数集的上、下确界, 如果存在, 请给出证明.

1. $A = \left\{ x_n | x_{2n} = n,\, x_{2n-1} = 1 + \dfrac{1}{n},\, n \in \mathbf{N}_+ \right\}$;

2. $A = \left\{ 2, \dfrac{3}{2}, \dfrac{4}{3}, \cdots, \dfrac{n+2}{n+1}, \cdots \right\}$.

习题 1.1.3. 证明数集 $A=\{x\in\mathbf{Q}\,|\,x>0,\ x^2<2\}$ 在有理数集 $\mathbf{Q}$ 内有上界, 但是没有上确界.

习题 1.1.4. 证明函数 $f(x)=\dfrac{1}{x}\cos\dfrac{1}{x}$ 在点 0 的去心 δ 邻域 $\mathring{N}(0,\delta)$ 内无界, 其中常数 $\delta>0$.

1.2　数列极限

习题 1.2.1. 用定义证明下列极限:

1. $\lim\limits_{n\to\infty}\dfrac{\sin 2n}{n}=0$;

2. $\lim\limits_{n\to\infty}(n-\sqrt{n^2-n})=\dfrac{1}{2}$.

习题 1.2.2. 用定义证明:

1. 若 $\lim\limits_{n\to\infty}x_n=a$, 则 $\lim\limits_{n\to\infty}|x_n|=|a|$; 反之是否成立?

2. 若 $\lim\limits_{n\to\infty}|x_n|=0$, 则 $\lim\limits_{n\to\infty}x_n=0$.

习题 1.2.3. 用定义证明：若 $\lim\limits_{n\to\infty} x_n = a$，$\lim\limits_{n\to\infty} y_n = b$，且 $x_n \leqslant y_n$，则 $a \leqslant b$.

习题 1.2.4. 用定义证明：若 $x_n > 0\ (n = 1, 2, \cdots)$，且 $\lim\limits_{n\to\infty} x_n = a \geqslant 0$，则

$$\lim_{n\to\infty} \sqrt{x_n} = \sqrt{a}\,.$$

习题 1.2.5. 求下列极限：

1. $\lim\limits_{n\to\infty} \dfrac{(-3)^n + 5^n}{(-3)^n + 5^{n+1}}$；

2. $\lim\limits_{n\to\infty} \left(\dfrac{1}{3} + \dfrac{1}{15} + \cdots + \dfrac{1}{4n^2 - 1}\right)$；

3. $\lim\limits_{n\to\infty}\left(\sqrt{n^2+n}-n\right)$;

4. $\lim\limits_{n\to\infty}\left(\frac{1}{\sqrt{n^2+1}}+\frac{1}{\sqrt{n^2+2}}+\cdots+\frac{1}{\sqrt{n^2+n}}\right)$;

5. $\lim\limits_{n\to\infty}\left(\frac{1}{n^3+1}+\frac{4}{n^3+2}+\cdots+\frac{n^2}{n^3+n}\right)$;

6. $\lim\limits_{n\to\infty}\frac{1+3^3+5^3+\cdots+(2n+1)^3}{n^4}$.

习题 1.2.6. 设 $a>1$，利用关系式 $(1+h)^n=1+nh+\dfrac{n(n-1)}{2!}h^2+\cdots+h^n$ 证明极限

$$\lim_{n\to\infty}\frac{n^2}{a^n}=0.$$

习题 1.2.7. 证明：若 $|x_{n+1}|\leqslant q|x_n|\,(0<q<1, n=1,2,\cdots)$，则 $\lim\limits_{n\to\infty}x_n=0$.

习题 1.2.8. 利用单调有界原理证明下列数列的极限存在，并求出极限值.

1. $x_0=1,\ x_1=1+\dfrac{x_0}{1+x_0},\ x_{n+1}=1+\dfrac{x_n}{1+x_n}\ (n=1,2,\cdots)$;

2. 设 $a > 0$, $x_1 > 0$, $x_{n+1} = \dfrac{1}{2}\left(x_n + \dfrac{a}{x_n}\right)$ $(n = 1, 2, \cdots)$;

3. $0 < x_n < 1$, 且 $x_{n+1}(1 - x_n) \geqslant \dfrac{1}{4}$ $(n = 1, 2, \cdots)$.

习题 1.2.9. 设 $x_n > 0\,(n = 1, 2, \cdots)$, 若 $\lim\limits_{n\to\infty} \dfrac{x_{n+1}}{x_n} = r < 1$, 证明: $\lim\limits_{n\to\infty} x_n = 0$.

习题 1.2.10. 设 $\{a_n\}$ 单调递增, $\{b_n\}$ 单调递减, 且 $\lim\limits_{n\to\infty}(b_n-a_n)=0$, 证明: $\{a_n\}$ 与 $\{b_n\}$ 都收敛, 并且有相同的极限.

习题 1.2.11. 已知 $x_n=\sum\limits_{k=1}^{n}\dfrac{\sin k}{k^2}\ (n=1,2,\cdots)$, 判断数列 $\{x_n\}$ 的敛散性.

习题 1.2.12. 若数列 $\{a_n\}$ 满足

$$|a_{n+2}-a_{n+1}|\leqslant q\,|a_{n+1}-a_n|\quad (0<q<1, n=1,2,\cdots),$$

证明: $\{a_n\}$ 收敛.

1.3　函数极限

习题 1.3.1. 用定义证明下列极限：

1. $\lim\limits_{x\to\infty}\dfrac{x^2-4}{2x^2+x}=\dfrac{1}{2}$;

2. $\lim\limits_{x\to+\infty}\arctan x=\dfrac{\pi}{2}$;

3. $\lim\limits_{x\to3}\dfrac{x^2-9}{x-3}=6$;

4. $\lim\limits_{x\to0^-}3^{\frac{1}{x}}=0$.

习题 1.3.2. 设 $f(x)=\begin{cases}-ax, & x<2,\\ x^2, & x\geqslant 2,\end{cases}$ 求 $f(2+0)$ 和 $f(2-0)$, 并问当 a 等于多少时, 极限 $\lim\limits_{x\to 2}f(x)$ 存在？

习题 1.3.3. 求下列函数在指定点处的单侧极限, 并作出函数图像(其中 $[x]$ 表示不超过 x 的最大整数).

1. $f(x)=[x]$, 在 $x=n$ (n 为整数)处；

2. $f(x)=x-[x]$, 在 $x=n$ (n 为整数)处.

习题 1.3.4. 用极限的定义证明: 若极限 $\lim\limits_{x\to x_0}f(x)=A$, 其中 $A>0$, 则存在 $\delta>0$, 使得当 $x\in \mathring{N}(x_0,\delta)$ 时, $f(x)>0$.

习题 1.3.5. 证明：当 $x \to 0$ 时，函数 $\frac{1}{x}\left(1+\cos\frac{1}{x}\right)$ 不存在极限.

习题 1.3.6. 求下列极限：

1. $\lim\limits_{x\to 1}\frac{x^2-2x+1}{x^3-x}$；

2. $\lim\limits_{x\to +\infty}\frac{\sqrt{x^2-x+1}}{3x+1}$；

3. $\lim\limits_{x\to +\infty}(\sqrt{x^2+x}-x)$；

4. $\lim\limits_{x\to 0}\frac{\sqrt{1+x}-\sqrt{1-x}}{x}$；

5. $\lim\limits_{x\to 1}\frac{x+x^2+\cdots+x^n-n}{x-1}$；

6. $\lim\limits_{x\to 0}\frac{(1+mx)^n-(1+nx)^m}{x^2}\,(m,n\in\mathbf{N}_+)$.

习题 1.3.7. 确定常数 a 和 b, 使下列等式成立.

1. $\lim\limits_{x\to+\infty}(\sqrt{x^2-x-1}-ax-b)=0$;

2. $\lim\limits_{x\to1}\dfrac{\sqrt{x+a}+b}{x^2-1}=1$.

习题 1.3.8. 利用函数的夹逼定理求极限 $\lim\limits_{x\to+\infty}\dfrac{x^k}{a^x}\,(a>1,k\in\mathbf{N}_+)$.

习题 1.3.9. 求下列极限:

1. $\lim\limits_{x\to 0}\dfrac{\sin\alpha x}{\sin\beta x}\quad(\beta\neq 0)$;

2. $\lim\limits_{x\to 0}\dfrac{\tan 5x}{\sin 3x}$;

3. $\lim\limits_{x\to 1}\dfrac{\sin(x^2-1)}{x-1}$;

4. $\lim\limits_{x\to 1}(1-x)\tan\dfrac{\pi}{2}x$;

5. $\lim\limits_{x\to \pi}\dfrac{\sin mx}{\sin nx}\quad(m,n\in\mathbf{N}_+)$;

6. $\lim\limits_{x\to 0}\dfrac{1-\cos(1-\cos x)}{x^4}$;

7. $\lim\limits_{x\to 0}\dfrac{\sqrt{1+\tan x}-\sqrt{1+\sin x}}{x^3}$;

8. $\lim\limits_{x\to 0}\left(\dfrac{2+\mathrm{e}^{\frac{1}{x}}}{1+\mathrm{e}^{\frac{4}{x}}}+\dfrac{\sin x}{|x|}\right)$.

习题 1.3.10. 求下列极限:

1. $\lim\limits_{x\to\infty}\left(1-\dfrac{2}{x}\right)^{5x}$;

2. $\lim\limits_{x\to 0}(1+kx)^{\frac{1}{x}}\quad(k\in\mathbf{N}_+)$;

3. $\lim\limits_{x\to\infty}\left(\dfrac{x+1}{x-1}\right)^{x}$;

4. $\lim\limits_{x\to\infty}\left(\dfrac{x^2+3}{x^2+1}\right)^{x^2}$.

习题 1.3.11. 讨论下列函数的极限是否存在:

1. $f(x)=\dfrac{1}{2^{\frac{1}{x}}},\quad x\to 0$;

2. $f(x)=\begin{cases}\dfrac{x}{\sin x}, & x<0,\\ (1+x)^{\frac{1}{x}}, & x>0,\end{cases}\quad x\to 0$.

1.4　无穷小量与无穷大量

习题 1.4.1. 用定义证明：$\lim\limits_{x\to 0}\dfrac{2x+3}{x^2}=\infty$.

习题 1.4.2. 证明：当 $x\to 0$ 时，$\sqrt{1+x}-\sqrt{1-x}\sim x$.

习题 1.4.3. 选取适当的 k，使下列各式成立：

1. $\dfrac{1}{\sqrt{n}}\sin^2\dfrac{1}{n}\sim\dfrac{1}{n^k}\ (n\to\infty)$;

2. $\sin(2\pi\sqrt{n^2+1})\sim\dfrac{\pi}{n^k}\ (n\to\infty)$.

习题 1.4.4. 用等价无穷小代换求下列极限：

1. $\lim\limits_{x\to 0}\dfrac{\tan(\tan^2 x)}{x\sin 2x}$;

2. $\lim\limits_{x\to 0}\dfrac{\sqrt[n]{1+x+x^2}-1}{\sin 2x}\ (n\in\mathbf{N}_+)$;

3. $\lim\limits_{x\to 0}\dfrac{\sqrt{1+x^4}-1}{\left(1-\cos^2 x\right)^2}$.

习题 1.4.5. 设 $m,n\in\mathbf{N}_+$, 证明:

1. 当 $x\to 0$ 时, $o\left(x^m\right)+o\left(x^n\right)=o\left(x^l\right)$, $l=\min\{m,n\}$;

2. 当 $x\to 0$ 时, $o\left(x^m\right)\cdot o\left(x^n\right)=o\left(x^{m+n}\right)$.

习题 1.4.6. 证明: 函数 $f(x)=\dfrac{1}{x}\sin\dfrac{1}{x}$ 在区间 $(0,1]$ 内无界, 但当 $x\to 0^+$ 时, $f(x)$ 不是无穷大量.

1.5 函数的连续性

习题 1.5.1. 讨论下列函数的连续性, 若有间断点, 指出其类型.

1. $f(x)=\dfrac{x^2-x}{|x|\left(x^2-1\right)}$;

2. $f(x)=\dfrac{1}{x}\sin\dfrac{1}{x}$;

3. $f(x)=\begin{cases}\mathrm{e}^{-\frac{1}{x^2}}, & x\neq 0,\\ 2, & x=0;\end{cases}$

4. $f(x)=\lim\limits_{n\to\infty}\dfrac{n^x-n^{-x}}{n^x+n^{-x}}$;

5. $f(x)=\lim\limits_{t\to x}\left(\dfrac{\sin t}{\sin x}\right)^{\frac{x}{\sin t-\sin x}}$.

习题 1.5.2. 求下列极限:

1. $\lim\limits_{x\to 0}\ln(1+\sqrt[3]{1+x^2})$;

2. $\lim\limits_{x\to 0}\dfrac{\ln(1+2x)}{\sin 4x}$;

3. $\lim\limits_{x\to +\infty}x\left(\ln(1+x)-\ln x\right)$;

4. $\lim\limits_{x\to 1}\left(\dfrac{2+x}{4-x}\right)^{\frac{1}{1-\sqrt{x}}}$;

5. $\lim\limits_{x\to 0}\ln(\cos x)^{\frac{1}{x^2}}$.

习题 1.5.3. 设函数

$$f(x)=\begin{cases}\dfrac{\sin ax}{\sqrt{1-\cos x}}, & x<0, x\neq -2k\pi\,(k\in \mathbf{N}_+),\\ b, & x=0,\\ \dfrac{1}{x}\left[\ln x-\ln\left(x^2+x\right)\right], & x>0,\end{cases}$$

问 a, b 取何值时, $f(x)$ 在其定义域内处处连续?

习题 1.5.4. 设函数 f 在点 x_0 处连续，且 $f(x_0) > 0$，证明：存在 x_0 的某个邻域 $N(x_0)$，使得当 $x \in N(x_0)$ 时，有 $kf(x) > f(x_0)$ $(k > 1)$.

习题 1.5.5. 证明：

1. 方程 $x - 3\sin x = a$ $(a > 0)$ 至少有一个正实根；

2. 实系数方程 $x^{2n} + a_1x^{2n-1} + \cdots + a_{2n-1}x + a_{2n} = 0$ $(a_{2n} < 0)$ 至少有两个实根.

习题 1.5.6. 设函数 f 在 $[a, b]$ 上连续，且 $f([a, b]) \subseteq [a, b]$，证明：$f(x)$ 至少有一个不动点.

习题 1.5.7. 设函数 f 在 $[a,b]$ 上连续，常数 $k_i > 0\,(i = 1,2,\cdots,n)$，且 $\sum_{i=1}^{n} k_i = k$，证明：若 $a < x_1 < x_2 < \cdots < x_n < b$，则存在 $\xi \in [x_1, x_n]$，使

$$f(\xi) = \frac{1}{k}\left[k_1 f\left(x_1\right) + k_2 f\left(x_2\right) + \cdots + k_n f\left(x_n\right)\right].$$

习题 1.5.8. 证明：函数 $f(x) = x + \sin x$ 在 $(-\infty, +\infty)$ 内一致连续.

习题 1.5.9. 证明：函数 $f(x) = \sin\dfrac{1}{x}$ 在 $(0,1)$ 内不一致连续，但在 $(a,1)$ (常数 $a > 0$) 内一致连续.

1.6　测试卷

一. 填空题

1. $\lim\limits_{n\to\infty}\left(\dfrac{1}{n+1}+\dfrac{1}{n+\sqrt{2}}+\cdots+\dfrac{1}{n+\sqrt{n}}\right)=$__________;

2. $\lim\limits_{x\to 0}\left(\dfrac{1+2^x}{2}\right)^{\frac{1}{x}}=$__________;

3. 当 $x\to 0$ 时, 无穷小量 $x^2-\sin x$ 是 x 的__________阶无穷小;

4. 若 $\lim\limits_{x\to 2}\dfrac{x^2-ax+b}{x^2-4}=-\dfrac{1}{4}$, 则 $a=$__________, $b=$__________;

5. 设 $f(x)=\begin{cases}x, & x\geqslant 0,\\ 0, & x<0,\end{cases}$ $g(x)=\begin{cases}x+1, & x<1,\\ x, & x\geqslant 1,\end{cases}$ 则 $f(x)+g(x)$ 的间断点为__________;

6. 函数 $f(x)=\left[\dfrac{1}{1+|x|}\right]$ 的间断点__________是第__________类间断点.

二. 选择题

1. 下列命题正确的是　【　】

   (A) 任何两个无穷小量之比的极限必为有限实数或 ∞

   (B) 若数列 $\{a_{2k-1}\}$ 和 $\{a_{2k}\}$ 都收敛, 则数列 $\{a_n\}$ 必收敛

   (C) 若数列 $\{a_n\}$ 收敛, $\{b_n\}$ 发散, 则数列 $\{a_nb_n\}$ 必发散

   (D) 若数列 $\{a_n\}$ 单增, $\{b_n\}$ 单减, 且 $\lim\limits_{n\to\infty}(a_n-b_n)=0$, 则 $\lim\limits_{n\to\infty}a_n=\lim\limits_{n\to\infty}b_n=0$

2. 极限 $\lim\limits_{x\to 1}\dfrac{x^2-1}{x-1}\mathrm{e}^{\frac{1}{x-1}}$　【　】

   (A) 不存在但不为 ∞　(B) 等于 2　(C) 等于 0　(D) 为 ∞

3. 设 $f(x)$, $g(x)$ 在 $\mathbf{R}$ 上有定义, $f(x)$ 为连续函数, 且 $f(x)\neq 0$, $g(x)$ 有间断点, 则【　】

   (A) $g(f(x))$ 必有间断点　(B) $[g(x)]^2$ 必有间断点

   (C) $f(g(x))$ 必有间断点　(D) $\dfrac{g(x)}{f(x)}$ 必有间断点

4. 设 $f(x)=\lim\limits_{t\to+\infty}\dfrac{x^2\mathrm{e}^{t(x-2)}+ax-1}{\mathrm{e}^{t(x-2)}+1}$, 若 $f(x)$ 在 $(-\infty,+\infty)$ 连续, 则常数 $a=$　【　】

   (A) 5　(B) 4　(C) $\dfrac{7}{2}$　(D) $\dfrac{5}{2}$

三. 计算题

1. 求下列极限:

(1) $\lim\limits_{x\to 0}\dfrac{\sqrt{1+x^4}-\sqrt[3]{1-2x^4}}{(1-\cos x)\sin^2 x}$;

(2) $\lim\limits_{x\to 0}\dfrac{2\sin^2 x+x^3\cos\dfrac{1}{x}}{(1+x\sin x)(1-\cos x)}$;

(3) $\lim\limits_{x\to 0}\dfrac{\mathrm{e}^x-\mathrm{e}^{\sin x}}{x-\sin x}$;

(4) $\lim\limits_{x\to 0}\cot x\ln\dfrac{1+x}{1-x}$.

2. 讨论函数 $f(x)=\lim\limits_{n\to\infty}\dfrac{x^{n+2}}{\sqrt[3]{2^{3n}+x^{3n}}}\ (x\geqslant 0)$ 的连续性, 如有间断点, 请指出其类型.

3. 设 $a_1 > 0$, $a_{n+1} = \dfrac{3(1+a_n)}{3+a_n}$ $(n=1,2,\cdots)$, 证明数列 $\{a_n\}$ 收敛, 并求其极限.

四. 综合题

1. 设 $a_n = 1 + \dfrac{1}{2} + \cdots + \dfrac{1}{n} - \ln n$ $(n=1,2,\cdots)$, 利用不等式

$$\frac{1}{n+1} < \ln\left(1+\frac{1}{n}\right) < \frac{1}{n} \quad (n=1,2,\cdots)$$

证明: 数列 $\{a_n\}$ 收敛.

2. 证明: 若函数 f, g 在 $[a,b]$ 上连续, 则函数 $\max\{f(x),g(x)\}$ 与 $\min\{f(x),g(x)\}$ 在 $[a,b]$ 上连续.

3. 设函数 f 在 $[0,2a]$ 上连续, 且 $f(0)=f(2a)$, 证明: 存在一点 $\xi\in[0,a]$, 使得

$$f(\xi)=f(a+\xi).$$

4. 设 $x_n=\dfrac{\cos 1}{1!}+\dfrac{\cos 2}{2!}+\cdots+\dfrac{\cos n}{n!}$, 证明: 数列 $\{x_n\}$ 收敛.

5. 证明: 函数 $f(x)=x^2$ 在 $(-l,l)$ $(l>0)$ 内一致连续, 而在 $(-\infty,+\infty)$ 内非一致连续.

第二章　一元函数微分学及其应用

2.1　导数

习题 2.1.1. 用导数定义求下列函数在 $x=0$ 处的导数：

1. $f(x)=\begin{cases} x^2\sin\dfrac{1}{x}, & x\neq 0\,, \\ 0, & x=0\,; \end{cases}$

2. $f(x)=x|x|\,.$

习题 2.1.2. 设 f 是偶函数，且 $f'(0)$ 存在，证明：$f'(0)=0\,.$

习题 2.1.3. 证明：函数 $f(x)=\begin{cases}\dfrac{\sqrt{1+x^2}-1}{x^{4/3}}, & x\neq 0,\\ 0, & x=0\end{cases}$ 在 $x=0$ 处连续但不可导.

习题 2.1.4. 设函数 φ 在 $x=a$ 处连续，$f(x)=(x-a)\varphi(x)$，证明：函数 f 在 $x=a$ 处可导. 若 $g(x)=|x-a|\varphi(x)$，则函数 g 在 $x=a$ 处可导吗？

习题 2.1.5. 已知 $f(x)=\begin{cases}\dfrac{x}{1+\mathrm{e}^{\frac{1}{x}}}, & x\neq 0,\\ 0, & x=0,\end{cases}$ 求 $f'_+(0)$，$f'_-(0)$，并判断 $f'(0)$ 是否存在.

习题 2.1.6. 求曲线 $y = \sin x$ 在点 $\left(\frac{2}{3}\pi, \frac{\sqrt{3}}{2}\right)$ 处的切线方程和法线方程.

习题 2.1.7. 求曲线 $y = \ln x$ 与直线 $2x + y - 1 = 0$ 平行的法线方程.

习题 2.1.8. 试确定常数 a, b 的值, 使函数 $f(x) = \begin{cases} x^2, & x \leqslant 1, \\ ax + b, & x > 1 \end{cases}$ 在 $x = 1$ 处可导.

习题 2.1.9. 已知函数 f 在 x_0 点可导, 求下列极限:

1. $\lim\limits_{h\to0}\dfrac{f(x_0+\alpha h)-f(x_0-\beta h)}{h}$ (α,β为常数);

2. $\lim\limits_{x\to x_0}\dfrac{f^2(x)-f^2(x_0)}{\sqrt[3]{x}-\sqrt[3]{x_0}}$.

习题 2.1.10. 函数 f 满足 $f'(0)=1$, 且对任意 $x,y\in\mathbf{R}$ 都有 $f(x+y)=f(x)+f(y)+2xy$, 证明 f 可导, 并求 $f'(x)$.

习题 2.1.11. 求下列函数的导数:

1. $y=(\sqrt{x}-2)\left(\sqrt{3}-x\right)$;

2. $y=\dfrac{x}{1-\cos x}$;

3. $y=\mathrm{e}^{x}(\sec x+\csc x)$;

4. $y=\dfrac{\ln x}{x}$;

5. $y=\dfrac{3x-2x^{-\frac{1}{2}}}{\sqrt[3]{x}}$;

6. $y=\dfrac{t\sin t}{1+\cos t}$.

习题 2.1.12. 求下列函数在指定点处的导数:

1. $\rho=\varphi\cos\varphi+\dfrac{1}{2}\sin\varphi,\quad \varphi=\dfrac{\pi}{4}$;

2. $y = x(x^2-1)(x-2)\cdots(x-100)+1,\ x=1$.

习题 2.1.13. 已知一段二次曲线 $y = ax^2+bx+c\ (x \in [0,1])$，它把 $(-\infty,0)$ 内的曲线段 $y=\mathrm{e}^x$ 和 $(1,+\infty)$ 内的曲线段 $y=\dfrac{1}{x}$ 连成一条处处可导的曲线，求定义在 $[0,1]$ 上的该曲线的方程.

习题 2.1.14. 求函数 $f(x)=\begin{cases}\mathrm{e}^x, & x<-1,\\ x^2+\dfrac{x}{\mathrm{e}}-1, & -1\leqslant x\leqslant 1,\\ \mathrm{e}^{-x}, & x>1\end{cases}$ 的导函数.

习题 2.1.15. 设函数 $f(x)=\begin{cases}(x+1)g(x), & x\neq 0,\\ a, & x=0,\end{cases}$ 其中 $g(x)$ 在 $(-\infty,+\infty)$ 内可导，且 $g(0)=0$. 若 $f(x)$ 在 $(-\infty,+\infty)$ 内可导，求常数 a 的值及 $f(x)$ 的导函数.

习题 2.1.16. 曲线 $y=1-\mathrm{e}^{-2x}$ 上哪一点处的切线与直线 $y=\dfrac{2}{\mathrm{e}}x+\mathrm{e}$ 平行？

习题 2.1.17. 求抛物线方程 $y=x^2+ax+b$ 中的常数 a,b 的值，使它在点 $(1,1)$ 处的切线与直线 $y-x+1=0$ 平行.

习题 2.1.18. 一球沿斜面向上滚动，其运动距离 s 与时间 t 的关系为 $s=3t-t^2$, 问球从何时开始向下滚动？

习题 2.1.19. 从点 $A(1,2)$ 和 $B(4,5)$ 分别作曲线 $y=x^2-4x+5$ 的法线, 求这两条法线与直线 AB 所构成的三角形面积.

习题 2.1.20. 已知函数 f 由 $y=f(x)=\ln x+\frac{x}{\mathrm{e}}+1$ 所定义, 求 $(f^{-1})'(3)$.

习题 2.1.21. 求下列函数的导数:

1. $y=\mathrm{e}^{-x^2+2x-1}$;

2. $y=\ln(2x^3+\sin x)$;

3. $y=\arcsin\sqrt{\frac{1-x}{1+x}}$;

4. $y=\ln(x+\sqrt{a^2+x^2})$;

5. $y=\sqrt{\dfrac{1-\sin^2 x}{1+\sin^2 x}}$;

6. $y=x+x^x$;

7. $y=\log_a\sqrt{x+\sin x}\,(a>0,a\neq 1)$;

8. $y=\arctan\left(\sin\left(x^2+1\right)\right)$;

9. $y=\left(x^2+\sqrt{x}\right)\sqrt{1+\sqrt{x}}$;

10. $y=a^{a^x}+a^{x^a}+x^{a^a}\,(a>0,a\neq 1)$;

11. $y=\dfrac{1}{3}\ln\dfrac{x+1}{\sqrt{x^2-x+1}}+\dfrac{1}{\sqrt{3}}\arctan\dfrac{2x+1}{\sqrt{3}}$;

12. $y=\dfrac{(3-2x)^4\sqrt[3]{(x+5)^2}}{x^2\sqrt{(2x^2+7x-3)^3}}$;

13. $y=(\sin x)^{\cos 3x}$;

14. $y=\mathrm{e}^{|x|}$.

习题 2.1.22. 求下列函数的导数 (其中 f,g 是可导函数):

1. $y=\sqrt{f^2(x)+g^2(x)}$;

2. $y=x^{\mathrm{e}^{f(-x)}}$.

习题 2.1.23. 求由下列方程所确定的隐函数 $y=y(x)$ 的导数 $\dfrac{\mathrm{d}y}{\mathrm{d}x}$：

1. $y=1+x\sin y$；

2. $\mathrm{e}^x-\mathrm{e}^{-y}+xy=0$；

3. $(\sin x)^{\cos y}=(\cos y)^{\sin x}$.

习题 2.1.24. 求下列曲线在指定点处的切线方程和法线方程：

1. $xy+\ln y=1,\ M(1,1)$；

2. $x^3+y^3-3xy=0,\ M(\sqrt[3]{2},\sqrt[3]{4})$.

习题 2.1.25. 求由参数方程所确定的函数 $y=y(x)$ 的导数 $\dfrac{\mathrm{d}y}{\mathrm{d}x}$：

1. $\begin{cases} x=t\mathrm{e}^t, \\ y=2t+t^2\,; \end{cases}$

2. $\begin{cases} x=\sin t, \\ y=\cos 2t. \end{cases}$

习题 2.1.26. 求曲线 $\begin{cases} x = 3t - t^2, \\ y = 2t - t^3 \end{cases}$ 在 $t = 1$ 所对应的点处的切线方程与法线方程.

习题 2.1.27. 求过点 $(-5, 5)$ 且与直线 $3x + 4y - 20 = 0$ 在点 $(4, 2)$ 处相切的圆的方程.

习题 2.1.28. 证明: 曲线 $x^{\frac{2}{3}} + y^{\frac{2}{3}} = a^{\frac{2}{3}}$ 上任一点的切线介于两坐标轴之间的线段长等于常数 $a\,(a > 0)$.

习题 2.1.29. 在中午 12 点, 甲船以 6 km/h 的速率向东行驶, 乙船在甲船之北的 16 km 处以 8 km/h 的速率向南行驶, 求下午 1 点两船相离的速率.

习题 2.1.30. 求下列函数的高阶导数:

1. $f(x) = \mathrm{e}^x \cos x$， 求 $f^{(4)}(x)$；

2. $f(x) = \sin^2 x$， 求 $f^{(n)}(x)$；

3. $f(x) = \dfrac{1}{x^2 + x - 2}$， 求 $f^{(n)}(x)$；

4. $f(x) - (x + 1) \ln x$， 求 $f^{(n)}(x)$；

5. $f(x)=x^2\cos(ax)$, 其中 a 为常数, 求 $f^{(10)}(x)$.

习题 2.1.31. 设函数 $y=f(x)$ 的反函数为 $x=f^{-1}(y)$, 且 f 与 f^{-1} 都有二阶导数, 试用 $f'(x)$ 和 $f''(x)$ 表示 $(f^{-1})''(y)$.

习题 2.1.32. 已知函数 $f(x)=(x-a)^n\varphi(x)$, 其中函数 φ 在点 a 的邻域内有 $n-1$ 阶连续导数, 求 $f^{(n)}(a)$.

习题 2.1.33. 求由参数方程所确定的函数的高阶导数:

1. $\begin{cases} x = t - \ln(1+t), \\ y = t^3 + t^2, \end{cases}$ 求 $\dfrac{\mathrm{d}^2 y}{\mathrm{d}x^2}$;

2. $\begin{cases} x = t - t^3, \\ y = 1 - t^2, \end{cases}$ 求 $\dfrac{\mathrm{d}^3 x}{\mathrm{d}y^3}$.

习题 2.1.34. 求由下列方程所确定的隐函数的二阶导数:

1. $\mathrm{e}^y + xy = \mathrm{e}^x$, 求 $\left.\dfrac{\mathrm{d}^2 y}{\mathrm{d}x^2}\right|_{x=0}$;

2. $y = \tan(x+y)$, 求 $\dfrac{\mathrm{d}^2 y}{\mathrm{d}x^2}$;

3. $xy = \mathrm{e}^{x+y}$, 求 $\dfrac{\mathrm{d}^2 x}{\mathrm{d}y^2}$.

习题 2.1.35. 设 $y = (\arcsin x)^2$, 证明: 当 $n \geqslant 2$ 时, 有

$$(1-x^2)y^{(n+1)} - (2n-1)xy^{(n)} - (n-1)^2 y^{(n-1)} = 0,$$

并由此求 $y'(0)$, $y''(0)$, $\cdots$, $y^{(n)}(0)$.

2.2　微分

习题 2.2.1. 求函数 $y=\sec x+\tan x$ 在 $x=0$ 和 $x=\dfrac{\pi}{4}$ 处的微分.

习题 2.2.2. 已知 $y=x-x^3$, 求在 $x_0=2$ 处当 Δx 分别等于 0.1 和 0.01 时的 Δy 及 $\mathrm{d}y$ 的值.

习题 2.2.3. 求下列函数的微分:

1. $y=\tan^2(1-x)$;

2. $y=\csc^3 x+\arctan\dfrac{1-x}{1+x}$.

习题 2.2.4. 将适当的函数填入下列括号内, 使等号成立:

1. $\mathrm{d}(\qquad\qquad) = \mathrm{e}^{-2x}\mathrm{d}x$;
2. $\mathrm{d}(\qquad\qquad) = \dfrac{\mathrm{d}x}{x^2+a^2} \quad (a \in \mathbf{R} \setminus \{0\})$;
3. $\mathrm{d}(\qquad\qquad) = \dfrac{\ln|x|}{x}\mathrm{d}x$;
4. $\mathrm{d}(\qquad\qquad) = \sec^2 3x\mathrm{d}x$;
5. $\mathrm{d}(\qquad\qquad) = \sin\omega x\mathrm{d}x \quad (\omega \in \mathbf{R} \setminus \{0\})$;
6. $\mathrm{d}(\qquad\qquad) = \mathrm{e}^{x^2}\mathrm{d}(x^2)$;
7. $\mathrm{d}(\ln(2x+3)) = (\qquad\qquad)\,\mathrm{d}(2x+3) = (\qquad\qquad)\,\mathrm{d}x$.

习题 2.2.5. 计算下列函数的近似值:

1. $\arctan 0.97$;

2. $\ln 1.01$;

3. $\dfrac{1}{\sqrt{99.5}}$;

4. $\cos 29^\circ$.

习题 2.2.6. 已知一扇形的中心角 $\alpha = 60^\circ$，半径 $r = 100\,\mathrm{cm}$，问：

1. r 不变，α 减小 $30'$，面积约减少多少？

2. α 不变，r 增加 $1\,\mathrm{cm}$，面积约增加多少？

习题 2.2.7. 扩音器插头为圆柱形，截面半径 $r = 0.15\,\mathrm{cm}$，长度 $l = 4\,\mathrm{cm}$，为了提高它的导电性能，要在该圆柱的侧面镀上一层厚为 $0.001\,\mathrm{cm}$ 的纯铜（铜的密度为 $8.9\ \mathrm{g/cm^3}$），问每个插头约需多少纯铜？

习题 2.2.8. 求由方程 $\mathrm{e}^{x+y} - xy = 0$ 所确定的隐函数 $y = y(x)$ 的微分 $\mathrm{d}y$.

习题 2.2.9. 求由参数方程 $\begin{cases} x = 2t^2 + 3t + 1, \\ e^y \cos t - y + 1 = 0 \end{cases}$ 所确定的函数 $y = y(x)$ 的微分 dy.

习题 2.2.10. 求下列函数 y 关于自变量 x 的二阶微分:

1. $xy + y^2 = 1$;

2. $y = e^x \ln x$.

2.3 微分学中值定理及其应用

习题 2.3.1. 不计算导数, 指出函数 $f(x)=(x-1)(x-2)(x-3)(x-4)$ 的导数 $f'(x)$ 有几个零点, 并指明它们所在的区间.

习题 2.3.2. 设函数 $y=f(x)$ 可导, 若 a 为任意常数, 证明: 在 $f(x)$ 的两个相异零点间一定有 $af(x)+f'(x)$ 的零点.

习题 2.3.3. 设函数 $y=f(x)$ 二阶可导, 且 $f(x_1)=f(x_2)=f(x_3)$, 其中 $x_1<x_2<x_3$, 证明: 至少存在一点 $\xi\in(x_1,x_3)$, 使 $f''(\xi)=0$.

习题 2.3.4. 如果 $C_0+\frac{C_1}{2}+\frac{C_2}{3}+\cdots+\frac{C_n}{n+1}=0$, $C_0, C_1, \cdots, C_n$是常数, 证明: 方程

$$C_0+C_1x+\cdots+C_nx^n=0$$

在 $(0,1)$ 内至少存在一个根.

习题 2.3.5. 已知函数 f 在 $[0,1]$ 上连续, 在 $(0,1)$ 内可导, 且 $f(1)=0$, 证明: 在 $(0,1)$ 内至少存在一点 ξ, 使得 $f'(\xi)=-\frac{2f(\xi)}{\xi}$.

习题 2.3.6. 证明: 当 $x\in[-1,1]$ 时, 有 $\arcsin x+\arccos x=\frac{\pi}{2}$.

习题 2.3.7. 证明下列不等式:

1. $|\sin x - \sin y| \leqslant |x - y|$;

2. $\mathrm{e}^x > 1 + x\ (x \neq 0)$;

3. 当 $0 < b < a$ 且 $n > 1$ 时, $nb^{n-1}(a-b) < a^n - b^n < na^{n-1}(a-b)$;

4. 当 $0 < \beta \leqslant \alpha < \dfrac{\pi}{2}$ 时, $\dfrac{\alpha - \beta}{\cos^2 \beta} \leqslant \tan\alpha - \tan\beta \leqslant \dfrac{\alpha - \beta}{\cos^2 \alpha}$.

习题 2.3.8. 如果函数 f 在 $[a,b]$ 上连续, 在 (a,b) 内可导, 且 $f(a) < f(b)$, 证明: 至少存在一点 $\xi \in (a,b)$, 使得 $f'(\xi) > 0$.

习题 2.3.9. 证明: 若函数 f 可导, 且 $f(0)=0$, $|f'(x)|<1$, 则当 $x \neq 0$ 时, 有 $|f(x)|<|x|$.

习题 2.3.10. 设函数 f 在 $[a,b]$ 上连续, 在 (a,b) 内二阶可导, $f(a) = f(b) = 0$, 且存在点 $c \in (a,b)$ 满足 $f(c) > 0$, 证明: 至少存在一点 $\xi \in (a,b)$, 使得 $f''(\xi) < 0$.

习题 2.3.11. 设函数 f 在$[0,1]$上连续，在$(0,1)$内可导，证明：至少存在一点$\xi\in(0,1)$，使

$$f'(\xi)=2\xi[f(1)-f(0)].$$

习题 2.3.12. 设函数 f 在点 x_0 连续，在 x_0 的某左半邻域$(x_0-\delta,x_0)$（或右半邻域$(x_0,x_0+\delta)$）内可导，并且 $\lim\limits_{x\to x_0^-}f'(x)=k$ $\left(\text{或}\lim\limits_{x\to x_0^+}f'(x)=k\right)$．证明：函数 f 在点 x_0 存在左（或右）导数且等于 k．

习题 2.3.13. 设 x_1 和 x_2 是任意给定的两点，且 $x_1x_2>0$．证明：在点 x_1 和 x_2 之间至少存在一点 ξ，使得 $x_1\mathrm{e}^{x_2}-x_2\mathrm{e}^{x_1}=(1-\xi)\mathrm{e}^{\xi}(x_1-x_2)$．

习题 2.3.14. 已知函数 f 在 $[a,b]$ 上连续, 在 (a,b) 内可导, 且 $0<a<b$, 证明: 在 (a,b) 内存在 ξ 与 η, 使得 $f'(\xi)=\dfrac{a^2+ab+b^2}{3\eta^2}f'(\eta)$.

习题 2.3.15. 设函数 f 在 $[a,b]$ 上可导, 证明:

1. 若 $f'_+(a)\cdot f'_-(b)<0$,则在 (a,b) 内至少存在一点 ξ, 使 $f'(\xi)=0$;
2. 在 (a,b) 内, $f'(x)$ 可取介于 $f'_+(a)$ 与 $f'_-(b)$ 之间的任何值.

习题 2.3.16. 求下列极限:

1. $\lim\limits_{x \to 0} \dfrac{\mathrm{e}^x + \sin x - 1}{\ln(1+x)}$;

2. $\lim\limits_{x \to \frac{\pi}{2}} \dfrac{\sqrt{1 + 2\cos x} - 1}{x - \dfrac{\pi}{2}}$;

3. $\lim\limits_{x \to +\infty} \dfrac{\ln(1 + \mathrm{e}^x)}{x^2}$;

4. $\lim\limits_{x \to 1^+} \ln x \cdot \ln(x - 1)$;

5. $\lim\limits_{x \to 0} \dfrac{x - \arcsin x}{\sin^3 x}$;

6. $\lim\limits_{x \to +\infty} (x - \sqrt{x^2 + x})$;

7. $\lim\limits_{x \to 0} \dfrac{1 + x^2 - \mathrm{e}^{x^2}}{\sin^4 2x}$;

8. $\lim\limits_{x \to \frac{\pi}{2}} \dfrac{\ln \sin x}{(\pi - 2x)^2}$;

9. $\lim\limits_{x\to 1}\left(\dfrac{x}{x-1}-\dfrac{1}{\ln x}\right)$；

10. $\lim\limits_{x\to 1^-}(1-x)^{\cos\frac{\pi}{2}x}$；

11. $\lim\limits_{x\to 1^-}(1-x)^{\ln x}$；

12. $\lim\limits_{x\to +\infty}\left(\cos\dfrac{1}{x}\right)^{x^2}$；

13. $\lim\limits_{x\to+\infty}(\mathrm{e}^x+x)^{\frac{1}{x}}$;

14. $\lim\limits_{x\to1}\left(\tan\dfrac{\pi}{4}x\right)^{\tan\frac{\pi}{2}x}$.

习题 2.3.17. 讨论能否用L'Hospital法则求下列极限:

1. $\lim\limits_{x\to0}\dfrac{x^2\sin\dfrac{1}{x}}{\sin x}$;

2. $\lim\limits_{x\to\infty}\dfrac{x-\sin x}{x+\sin x}$.

习题 2.3.18. 设函数$\varphi(x)$满足$\varphi(0)=0$, $\varphi'(0)=1$, $\varphi''(0)=2$, 证明：当$x\to0$时, $\varphi(x)-x$与x^2是等价无穷小.

习题 2.3.19. 已知 $f(x)=\begin{cases}\dfrac{g(x)}{x}, & x\neq 0,\\ 0, & x=0,\end{cases}$ 且 $g(0)=g'(0)=0,\ g''(0)=a$，求 $f'(0)$.

习题 2.3.20. 已知 $\lim\limits_{x\to 0}\left(\dfrac{\sin 3x}{x^3}+\dfrac{a}{x^2}+b\right)=0$, 求常数 a,b 的值.

习题 2.3.21. 已知 $\lim\limits_{x\to+\infty}\left(\dfrac{x+c}{x-c}\right)^x=4$, 求常数 c 的值.

习题 2.3.22. 讨论函数 $f(x)=\begin{cases}\left(\dfrac{(1+x)^{\frac{1}{x}}}{\mathrm{e}}\right)^{\frac{1}{x}}, & x>0,\\ \mathrm{e}^{-\frac{1}{2}}, & x\leqslant 0\end{cases}$ 在 $x=0$ 处的连续性.

习题 2.3.23. 写出下列函数在指定点 x_0 处的带有 Peano 型余项的三阶 Taylor 公式:

1. $f(x)=\dfrac{1}{x}$, $x_0=-1$;

2. $f(x)=\mathrm{e}^{\sin x}$, $x_0=0$;

3. $f(x)=\tan x$, $x_0=\dfrac{\pi}{4}$.

习题 2.3.24. 写出下列函数在指定点处具有 Lagrange 型余项的 n 阶 Taylor 公式:

1. $y=\ln(1-x)$, $x_0=\dfrac{1}{2}$;

2. $y = x\mathrm{e}^{x}$, $x_0 = 0$.

习题 2.3.25. 写出下列函数带有 Peano 型余项的指定阶数的 Maclaurin 公式:

1. $f(x) = \dfrac{1-x}{1+x}$ (4 阶);

2. $f(x) = \ln(1-x)$ (n 阶);

3. $f(x) = \mathrm{e}^{-x^2}$ ($2n$ 阶);

4. $f(x) = \dfrac{1}{\sqrt{1-2x}}$ (n 阶).

习题 2.3.26. 利用 Taylor 公式求下列极限：

1. $\lim\limits_{x\to 0}\dfrac{\mathrm{e}^x\sin x - x(1+x)}{x^2\sin x}$；

2. $\lim\limits_{x\to 0}\dfrac{-\dfrac{x^2}{2}+1-\sqrt{1-x^2}}{x^2\sin x^2}$；

3. $\lim\limits_{x\to\infty}\left(x - x^2\ln\left(1+\dfrac{1}{x}\right)\right)$；

4. $\lim\limits_{x\to+\infty}\left(\left(x^3-x^2+\dfrac{x}{2}\right)\mathrm{e}^{\frac{1}{x}}-\sqrt{x^6+1}\right)$.

习题 2.3.27. 设函数 $f(x)$ 在 $x=0$ 点处三阶可导，且 $f(0)=0$, $f'(0)=-1$, $f''(0)=2$, $f'''(0)=-6$, 求极限 $\lim\limits_{x\to 0}\dfrac{f(x)+x(1-\ln(1+x))}{x^3}$.

习题 2.3.28. 设函数 $f(x)$ 在闭区间 $[a,b]$ 上存在二阶导数，且 $f'(a)=f'(b)=0$, 证明：至少存在一点 $\xi\in(a,b)$, 使得

$$|f''(\xi)|\geqslant\frac{4}{(b-a)^2}|f(b)-f(a)|.$$

习题 2.3.29. 设函数 $f(x)$ 在闭区间 $[0,1]$ 上二阶可导，且存在非负常数 a 和 b, 使得在 $[0,1]$ 上恒有 $|f(x)|\leqslant a$ 和 $|f''(x)|\leqslant b$. 证明：对任意 $c\in(0,1)$, 都有 $|f'(c)|\leqslant 2a+\dfrac{b}{2}$.

2.4　函数性态的研究

习题 2.4.1. 求下列函数的单调区间:

1. $y = x + |\sin 2x|$;

2. $y = \dfrac{x^2 - 2x + 2}{x - 1}$;

3. $y = x^n \mathrm{e}^{-x} \quad (n \in \mathbf{N}_+,\ x \geqslant 0)$.

习题 2.4.2. 证明下列不等式:

1. $\ln(1+x) \geqslant \dfrac{\arctan x}{1+x} \quad (x \geqslant 0)$;

2. $\dfrac{2}{\pi}x < \sin x < x \quad \left(0 < x < \dfrac{\pi}{2}\right)$;

3. $\sin x + \tan x > 2x \quad \left(0 < x < \dfrac{\pi}{2}\right)$;

4. $1 + x\ln(x + \sqrt{1+x^2}) > \sqrt{1+x^2} \quad (x > 0)$.

习题 2.4.3. 比较数 e^{π} 与 π^{e} 的大小.

习题 2.4.4. 求下列函数的极值:

1. $f(x) = e^{-x}\sin x$;

2. $f(x) = \dfrac{(x+1)^{\frac{2}{3}}}{x-1}$;

3. $f(x) = x^{\frac{1}{x}}\ \ (x>0)$.

习题 2.4.5. 求下列函数在给定区间上的最大值与最小值 (如果存在的话):

1. $f(x) = \sin^3 x + \cos^3 x,\ x \in \left[\dfrac{\pi}{6}, \dfrac{3\pi}{4}\right]$;

2. $f(x) = x\mathrm{e}^{-x^2}$, $x \in \mathbf{R}$;

3. $f(x) = \max\{x^2, (1-x)^2\}$, $x \in [0, 1]$;

4. $y = |x^2 - 3x + 2|$, $x \in [-10, 10]$;

5. $y = 2\tan x - \tan^2 x,\ x \in \left[0, \dfrac{\pi}{2}\right)$.

习题 2.4.6. 求下列函数的零点个数:

1. $f(x) = \sin x - x$;

2. $f(x) = \ln x - ax$ （常数 $a > 0$）.

习题 2.4.7. 设 a 和 b 为常数，且 $a > 1$. 证明：方程 $a^x = bx$ 当 $b > \mathrm{e}\ln a$ 时有且仅有两个实根；当 $0 \leqslant b < \mathrm{e}\ln a$ 时没有实根；当 $b < 0$ 时有唯一实根.

习题 2.4.8. 设函数 f 在区间 $[a, +\infty)$ 上连续，且存在常数 $k > 0$，使得对任意 $x \in (a, +\infty)$ 都有 $f'(x) > k$. 证明：若 $f(a) < 0$，则函数 $f(x)$ 在区间 $\left(a,\ a - \dfrac{f(a)}{k}\right)$ 内有唯一的零点.

习题 2.4.9. 已知函数 $f(x)$ 满足 $f(0) = 0$，且 $f'(x)$ 在区间 $(0, +\infty)$ 上严格单增，证明：当 $x > 0$ 时，函数 $g(x) = \dfrac{f(x)}{x}$ 也严格单增.

习题 2.4.10. 已知函数 $f(x)=(x-x_0)^n\varphi(x)$ (n为正整数), 其中 $\varphi(x)$ 在点 x_0 处连续.

1. 证明: $f(x)$ 在点 x_0 可导, 并求 $f'(x_0)$.
2. 若 $\varphi(x_0)\neq 0$, 问 x_0 是否为 $f(x)$ 的极值点? 请说明理由.

习题 2.4.11. 已知 $f(x)=3x^2+\dfrac{A}{x^3}$, 其中 A 是正常数, 问 A 至少取何值才能使得对于一切 $x>0$ 都有 $f(x)\geqslant 20$?

习题 2.4.12. 证明下列不等式:

1. $|3x-x^3|\leqslant 2,\ x\in[-2,2]$;

2. $x^4 - 2x^3 + 2x + 1 \geqslant \dfrac{5}{16}$.

习题 2.4.13. 从一块半径为 R 的圆铁片上挖去一个扇形做成一个漏斗, 问留下的扇形的圆心角 φ 取多大时, 做成的漏斗容积最大?

习题 2.4.14. 证明: 函数 $f(x) = x\arctan x\,(x \in \mathbf{R})$ 与 $g(x) = x\ln x\,(x > 0)$ 都是凸函数.

习题 2.4.15. 讨论下列函数对应曲线的凸向与拐点:

1. $f(x)=\dfrac{x}{1+x^2}$;

2. $f(x)=\mathrm{e}^{-x}\sin x$.

习题 2.4.16. 问常数 a,b 取何值时, 点 $(1,3)$ 是曲线 $y=ax^3+bx^2$ 的拐点?

习题 2.4.17. 证明下列不等式:

1. $a^{\frac{x+y}{2}} \leqslant \dfrac{a^x + a^y}{2}\ (a > 0, a \neq 1)$;

2. $(x+y)\ln\dfrac{x+y}{2} \leqslant x\ln x + y\ln y\ \ (x, y > 0)$.

习题 2.4.18. 求下列曲线的渐近线:

1. $y = \dfrac{x^2}{x^2 - 1}$;

2. $y = x\mathrm{e}^{\frac{1}{x}}$.

2.5　测试卷

一. 填空题

1. 设 $f(x_0)=1$, $f'(x_0)=2$, 则 $\lim\limits_{n\to\infty}\left(\dfrac{f\left(x_0+\frac{1}{n}\right)}{f\left(x_0\right)}\right)^n=$ __________;

2. 对数螺线 $r=\mathrm{e}^{\theta}$ 在 $\theta=\dfrac{\pi}{2}$ 对应点处的切线的直角坐标方程为__________;

3. 设 $f(x)=x^n(x-1)^n\cos\dfrac{\pi x^2}{4}$, 则 $f^{(n)}(1)=$ __________;

4. 设 $y=\sin(x^4)$, 则 $\dfrac{\mathrm{d}y}{\mathrm{d}(x^3)}=$ __________;

5. 当 $x\to 0$ 时, $f(x)=\sin x-x\mathrm{e}^{-\frac{x^2}{6}}$ 是 x 的__________阶无穷小(填数字);

6. 函数 $f(x)=\mathrm{e}^{\sin x}$ 带 Peano 型余项的二阶 Maclaurin 公式是__________;

7. 函数 $f(x)=\dfrac{x^3}{(1-x)^2}$ 的极值点为__________, 曲线 $y=f(x)$ 的渐近线有__________;

8. 曲线 $y=14-9x-3x^2-x^3$ 的向下凸区间为__________, 向上凸区间为__________, 拐点为__________.

二. 选择题

1. 设 f 可导, $F(x)=f(x)(1+|x|)$, 则 $f(0)=0$ 为 $F(x)$ 在 $x=0$ 处可导的　【　】

   (A) 充分必要条件　(B) 充分但非必要条件

   (C) 必要但非充分条件　(D) 既非充分也非必要条件

2. 设 f 处处可导, 则　【　】

   (A) 当 $\lim\limits_{x\to+\infty}f'(x)=+\infty$ 时, 必有 $\lim\limits_{x\to+\infty}f(x)=+\infty$

   (B) 当 $\lim\limits_{x\to+\infty}f(x)=+\infty$ 时, 必有 $\lim\limits_{x\to+\infty}f'(x)=+\infty$

   (C) 当 $\lim\limits_{x\to-\infty}f'(x)=-\infty$ 时, 必有 $\lim\limits_{x\to-\infty}f(x)=-\infty$

   (D) 当 $\lim\limits_{x\to-\infty}f(x)=-\infty$ 时, 必有 $\lim\limits_{x\to-\infty}f'(x)=-\infty$

3. 设 $f(x)=\dfrac{1}{x}$, 若 $ab<0$, 则在 (a,b) 内使得 $f(b)-f(a)=f'(\xi)(b-a)$ 成立的 ξ　【　】

   (A) 至少有一个　(B) 只有一个　(C) 不存在　(D) 是否存在与 a,b 有关

4. 设函数 $f(x)$, $g(x)$ 在区间 $[a,b]$ 上可导, 且 $f(x)g(x)\neq 0$, 若 $f'(x)g(x) < f(x)g'(x)$, 则当 $a<x<b$ 时, 必有 【　】

(A) $f(x)g(x) < f(a)g(a)$　　(B) $f(x)g(x) < f(b)g(b)$

(C) $\dfrac{f(x)}{g(x)} < \dfrac{f(a)}{g(a)}$　　(D) $\dfrac{f(x)}{g(x)} > \dfrac{g(b)}{f(b)}$

5. 已知函数 $y=f(x)$ 对一切 x 满足 $xf''(x)-2x[f'(x)]^4=\mathrm{e}^{-x}-1$, 若 $x_0\ (x_0\neq 0)$ 是 $f(x)$ 的一个驻点, 则 【　】

(A) x_0 是 $f(x)$ 的极小值点　　(B) x_0 是 $f(x)$ 的极大值点

(C) $(x_0, f(x_0))$ 是曲线 $y=f(x)$ 的拐点

(D) x_0 不是 $f(x)$ 的极值点, $(x_0, f(x_0))$ 也不是曲线 $y=f(x)$ 的拐点

三. 计算题

1. 已知 $y=f\left(\dfrac{3x-2}{3x+2}\right)$, 且 $f'(x)=\arctan x^2$, 求 $\left.\dfrac{\mathrm{d}y}{\mathrm{d}x}\right|_{x=0}$.

2. 求下列函数的导数:

(1) $y=\sqrt[6]{\dfrac{x-5}{\sqrt[3]{x^2+4}}}$;

(2) $y=\begin{cases}\cos\dfrac{\pi}{2}x, & |x|\leqslant 1,\\ |x-1|, & |x|>1.\end{cases}$

3. 先求 $y=\ln|\cos ax|$ (a 为常数) 的导数, 再求 $\frac{1}{2}\tan\frac{x}{2}+\frac{1}{4}\tan\frac{x}{4}+\cdots+\frac{1}{2^n}\tan\frac{x}{2^n}$ 的和.

4. 求下列函数 $y=y(x)$ 的二阶导数 $\frac{\mathrm{d}^2y}{\mathrm{d}x^2}$:

(1) $\arctan\frac{y}{x}=\ln\sqrt{x^2+y^2}$;

(2) $\begin{cases} x=f'(t), \\ y=tf'(t)-f(t), \end{cases}$ 其中 $f(t)$ 具有二阶导数.

5. 设 $y=x+\ln x\ (x>0)$, 求当 $x=1$ 时 $\frac{\mathrm{d}x}{\mathrm{d}y}$ 及 $\frac{\mathrm{d}^2x}{\mathrm{d}y^2}$ 的值.

6. 求函数 $f(x)=x^x-1$ 在 $x=1$ 处带 Peano 型余项的三阶 Taylor 公式.

7. 求下列极限:

(1) $\lim\limits_{x\to 0}\dfrac{(\sin x-\sin(\sin x))\sin x}{1-\cos x^2}$;

(2) $\lim\limits_{n\to\infty} n\left(\mathrm{e}-\left(1+\dfrac{1}{n}\right)^n\right)$.

8. 求常数 a, b 的值, 使得当 $x\to 0$ 时, $x-(a+b\cos x)\sin x$ 为 x 的五阶无穷小.

9. 求函数 $f(x)=|x|\mathrm{e}^{-|x-1|}$ 的极值.

10. 求椭圆 $x^2+3y^2=12$ 的内接等腰三角形, 使其底边平行于椭圆长轴且面积最大.

四. 证明题

1. 已知 $y=(x^2-1)^n$, 证明: $(x^2-1)\,y^{(n+2)}+2xy^{(n+1)}-n(n+1)y^{(n)}=0$.

2. 证明: (1) $(1+x)\ln^2(1+x)<x^2\quad(x>-1$ 且 $x\neq 0)$;

(2) $\dfrac{1}{\ln 2}-1<\dfrac{1}{\ln(1+x)}-\dfrac{1}{x}<\dfrac{1}{2}\quad(x\in(0,1))$.

3. 设奇函数 $f(x)$ 在 $[-1,1]$ 上具有二阶导数, 且 $f(1)=1$, 证明:

(1) 存在 $\xi \in (0,1)$, 使得 $f'(\xi)=1$;

(2) 存在 $\eta \in (-1,1)$, 使得 $f''(\eta)+f'(\eta)=1$.

4. 设函数 $f(x)=a_1\sin x+a_2\sin 2x+\cdots+a_n\sin nx$, 且 $|f(x)|\leqslant|\sin x|$, 其中 $a_1,a_2,\cdots,a_n$ 为实常数, 证明: $|a_1+2a_2+\cdots+na_n|\leqslant 1$.

5. 设 $f(x)$ 在 $[0,1]$ 上存在二阶导数, 且 $f(1)=0$, 若 $f(x)$ 在点 $x_0\left(\dfrac{1}{2}\leqslant x_0<1\right)$ 处取得最小值 -3, 证明: 存在一点 $\xi\in(0,1)$, 使得 $f''(\xi)\geqslant 24$.

第三章　一元函数积分学及其应用

3.1　定积分的概念与性质

习题 3.1.1. 将极限 $\lim\limits_{n\to\infty}\dfrac{1}{n}\left(\sin\dfrac{\pi}{n}+\sin\dfrac{2\pi}{n}+\cdots+\sin\dfrac{(n-1)\pi}{n}\right)$ 表示成定积分.

习题 3.1.2. 利用定积分定义求定积分 $\displaystyle\int_1^2\frac{1}{x^2}\mathrm{d}x$ 的值.

习题 3.1.3. 利用定积分的几何意义计算下列定积分:

1. $\displaystyle\int_0^1\sqrt{1-x^2}\mathrm{d}x$;

2. $\displaystyle\int_0^{2\pi}\cos x\mathrm{d}x$;

3. $\displaystyle\int_a^b\sqrt{(x-a)(b-x)}\mathrm{d}x$ (其中 $0<a<b$).

习题 3.1.4. 研究下列函数在所给区间上的可积性, 并说明理由.

1. $f(x)=\dfrac{1}{x^2-2},\quad x\in[-2,2]$;

2. $f(x)=\begin{cases}\dfrac{\sin x}{x}, & x\neq 0,\\ 1, & x=0,\end{cases}\quad x\in[-1,1].$

习题 3.1.5. 利用定积分的性质比较下列积分的大小:

1. $\displaystyle\int_1^2 2\sqrt{x}\mathrm{d}x$ 和 $\displaystyle\int_1^2\left(3-\frac{1}{x}\right)\mathrm{d}x$;

2. $\displaystyle\int_0^1 \ln(1+x)\mathrm{d}x$ 和 $\displaystyle\int_0^1\frac{\arctan x}{1+x}\mathrm{d}x$.

习题 3.1.6. 证明下列不等式:

1. $\dfrac{\pi}{2} \leqslant \displaystyle\int_0^{\pi} 2^{-\sin x}\mathrm{d}x \leqslant \pi$;

2. $\dfrac{2}{17} \leqslant \displaystyle\int_1^{3} \frac{x}{16+x^3}\mathrm{d}x \leqslant \frac{1}{6}$.

习题 3.1.7. 证明: $\displaystyle\lim_{n\to\infty}\int_n^{n+1}\frac{|\cos x|}{x}\mathrm{d}x = 0$.

习题 3.1.8. 设函数 f 在 $[0,1]$ 上连续, 在 $(0,1)$ 内可导, 且满足 $3\displaystyle\int_{\frac{2}{3}}^{1} f(x)\mathrm{d}x = f(0)$, 试证: 在 $(0,1)$ 内存在一点 ξ, 使得 $f'(\xi) = 0$.

习题 3.1.9. 设函数 f, g 在 $[a,b]$ 上连续, 试证:

1. 如果在 $[a,b]$ 上 $f(x) \geqslant 0$ 且 $f(x) \not\equiv 0$, 则 $\int_a^b f(x)\mathrm{d}x > 0$;

2. 如果在 $[a,b]$ 上 $f(x) \geqslant g(x)$ 且 $f(x) \not\equiv g(x)$, 则 $\int_a^b f(x)\mathrm{d}x > \int_a^b g(x)\mathrm{d}x$.

习题 3.1.10. 设函数 f 在 $[a,b]$ 上连续, g 在 $[a,b]$ 上可积, 且 $g(x)$ 在 $[a,b]$ 上不变号, 试证: 至少存在一点 $\xi \in [a,b]$,使得 $\int_a^b f(x)g(x)\mathrm{d}x = f(\xi)\int_a^b g(x)\mathrm{d}x$.

3.2　微积分学的基本定理

习题 3.2.1. 用 Newton – Leibniz 公式计算下列定积分:

1. $\displaystyle\int_{-\frac{1}{2}}^{\frac{1}{2}} \frac{\mathrm{d}x}{\sqrt{1-x^2}}$;

2. $\displaystyle\int_0^1 \frac{x^2}{1+x^2}\mathrm{d}x$;

3. $\displaystyle\int_{-1}^1 f(x)\mathrm{d}x$, 其中 $f(x)=\begin{cases} x+1, & x\leqslant 0, \\ x^2, & x>0; \end{cases}$

4. $\displaystyle\int_{-2}^5 \left|x^2-2x-3\right|\mathrm{d}x$.

习题 3.2.2. 求下列函数的导数 $\dfrac{\mathrm{d}y}{\mathrm{d}x}$:

1. $y=\displaystyle\int_0^{x^2} \ln(1+t^2)\mathrm{d}t$;

2. $y=\displaystyle\int_{\sin x}^{\cos x} \cos(\pi t^2)\mathrm{d}t$;

3. $\begin{cases} x = \int_{t^4}^{0} \sin u^2 \mathrm{d}u\,, \\ y = \cos t^4\,; \end{cases}$

4. $\int_1^y \mathrm{e}^{t^2}\mathrm{d}t + \int_y^x \cos t^2 \mathrm{d}t = x\,;$

5. $y = \int_{x^2}^{x^3} (x+t)\varphi(t)\mathrm{d}t$, 其中 φ 为连续函数.

习题 3.2.3. 设 $F(x) = \int_{15}^{x} \left(\int_8^{y^2} \frac{t}{\sin t}\mathrm{d}t \right) \mathrm{d}y$, 求 $F''(x)$.

习题 3.2.4. 设 $\int_0^{x^2(1+x)} f(t)\mathrm{d}t = x$, 其中 f 为连续函数, 求 $f(2)$.

习题 3.2.5. 求下列极限:

1. $\lim\limits_{x\to0^+}\dfrac{\displaystyle\int_0^{x^2}t^{\frac{3}{2}}\mathrm{d}t}{\displaystyle\int_x^0 t(\sin t-t)\mathrm{d}t}$;

2. $\lim\limits_{x\to+\infty}\dfrac{\displaystyle\int_x^{2x}t^2\mathrm{e}^{t^2}\mathrm{d}t}{x\mathrm{e}^{4x^2}}$.

习题 3.2.6. 计算下列不定积分:

1. $\displaystyle\int\frac{(1-x)^2}{\sqrt{x}}\mathrm{d}x$;

2. $\displaystyle\int\frac{2\cdot3^x-5\cdot2^x}{3^x}\mathrm{d}x$;

3. $\displaystyle\int\frac{\cos2x}{\cos^2x\sin^2x}\mathrm{d}x$;

4. $\displaystyle\int\frac{3x^4+3x^2+1}{x^2+1}\mathrm{d}x$.

习题 3.2.7. 设函数 $f(x)$ 连续, 且满足 $4f(x)=x^2+\displaystyle\int_{-1}^1 f(x+1)\mathrm{d}x$, 求 $f(x)$.

习题 3.2.8. 求极限 $\lim\limits_{n\to\infty}\dfrac{1}{(n+1)\sqrt{n}}\sum\limits_{k=1}^{n}\sqrt{n+k}$.

习题 3.2.9. 设 $f(x)=\begin{cases} x^2, & x\leqslant 0,\\ \sin x, & x>0. \end{cases}$

1. 求函数 $F(x)=\int_0^x f(t)\mathrm{d}t$, 并讨论 $F(x)$ 的连续性和可导性.
2. 求 $\int f(x)\mathrm{d}x$.

习题 3.2.10. 设在 $[a,b]$ 上函数 $f(x)$ 连续且 $f(x)>0$, 证明: 在 (a,b) 内存在一点 ξ, 使得

$$\frac{b^2-a^2}{\int_a^b f(x)\mathrm{d}x}=\frac{2\xi}{f(\xi)}.$$

3.3 不定积分的换元积分法与分部积分法

习题 3.3.1. 用不定积分换元法则计算下列不定积分:

1. $\int \frac{x}{\sqrt{4-x^2}}\mathrm{d}x$;

2. $\int \frac{1}{1+\mathrm{e}^x}\mathrm{d}x$;

3. $\int \frac{\sec^2\sqrt{x}}{\sqrt{x}}\mathrm{d}x$;

4. $\int \sin x \sin 3x\mathrm{d}x$;

5. $\int \tan x \sec^5 x\mathrm{d}x$;

6. $\int \frac{\cos x - \sin x}{\sin x + \cos x} \mathrm{d}x$;

7. $\int \frac{\sin^2 x \cos x}{1 + \sin^2 x} \mathrm{d}x$;

8. $\int \frac{x^3}{(a^2 + x^2)^{\frac{3}{2}}} \mathrm{d}x$;

9. $\int \frac{\sqrt{x}}{1 + \sqrt[4]{x^3}} \mathrm{d}x$;

10. $\int \frac{1}{x^2\sqrt{x^2-9}}\mathrm{d}x$;

11. $\int \frac{\sqrt{1+\sqrt{x}}}{\sqrt{x}}\mathrm{d}x$;

12. $\int \frac{1}{x}\sqrt{\frac{1-x}{1+x}}\mathrm{d}x$;

13. $\int \frac{1}{\sqrt{3+2x-x^2}}\mathrm{d}x$；

14. $\int \frac{1}{x\sqrt{3x^2-2x-1}}\mathrm{d}x$；

15. $\int \frac{2x+1}{\sqrt{x^2+x+1}}\mathrm{d}x$；

16. $\int (x+1)(5x-3)^5\mathrm{d}x$.

习题 3.3.2. 利用分部积分法计算下列积分:

1. $\int \left(x^2+1\right)\ln x\mathrm{d}x$;

2. $\int \dfrac{x}{\cos^2 x}\mathrm{d}x$;

3. $\int \dfrac{\arcsin x}{\sqrt{1-x}}\mathrm{d}x$;

4. $\int \sec^3 x\mathrm{d}x$;

5. $\int \mathrm{e}^x \sin^2 x \mathrm{d}x$;

6. $\int \arctan \sqrt{x} \mathrm{d}x$;

7. $\int x^5 \cos\left(x^3\right) \mathrm{d}x$;

8. $\int \dfrac{x^2 \arctan x}{1+x^2} \mathrm{d}x$.

习题 3.3.3. 设 $f(\ln x)=\dfrac{\ln(1+x)}{x}$，求 $\int f(x)\mathrm{d}x$.

习题 3.3.4. 求下列不定积分：

1. $\int \dfrac{2x+1}{x^2-1}\mathrm{d}x$;

2. $\int \dfrac{1+2x^2}{x^2(1+x^2)}\mathrm{d}x$;

3. $\int \dfrac{x^{11}}{x^8+4x^4+5}\mathrm{d}x$;

4. $\int \frac{\mathrm{d}x}{\sin x + \tan x}$;

5. $\int \frac{\mathrm{d}x}{\tan^2 x + \sin^2 x}$.

习题 3.3.5. 设 $I_n = \int \tan^n x \mathrm{d}x \ (n \in \mathbf{N}_+)$, 证明:

$$I_n = \frac{1}{n-1} \tan^{n-1} x - I_{n-2} \quad (n \geqslant 2).$$

3.4　定积分的换元积分法与分部积分法

习题 3.4.1. 求下列定积分的值:

1. $\displaystyle\int_0^{16} \frac{1}{\sqrt{x+9}-\sqrt{x}}\mathrm{d}x$;

2. $\displaystyle\int_{-1}^{1} \left(x^2+\sin^3 x\right)\sqrt{1-x^2}\mathrm{d}x$;

3. $\displaystyle\int_{-3}^{-2} \frac{1}{x^2\sqrt{x^2-1}}\mathrm{d}x$;

4. $\displaystyle\int_0^{n\pi} x|\sin nx|\mathrm{d}x \quad (n\in\mathbf{N}_+)$.

习题 3.4.2. 设 $f(x)=\begin{cases} x+2, & x\leqslant 1, \\ \dfrac{1}{2}x^2, & x>1, \end{cases}$ 求 $\displaystyle\int_0^3 f(x-1)\mathrm{d}x$.

习题 3.4.3. 设 $\displaystyle\int_a^{2\ln 2}\frac{1}{\sqrt{\mathrm{e}^x-1}}\mathrm{d}x=\frac{\pi}{6}$, 求常数 a 的值.

习题 3.4.4. 设 $f(x)=\displaystyle\int_1^x\frac{\ln t}{1+t}\mathrm{d}t\ (x>0)$, 求 $f(x)+f\left(\dfrac{1}{x}\right)$.

习题 3.4.5. 证明: $\displaystyle\int_0^1 x^m(1-x)^n\mathrm{d}x=\int_0^1 x^n(1-x)^m\mathrm{d}x$.

习题 3.4.6. 求下列定积分的值:

1. $\int_0^a \ln(x+\sqrt{a^2+x^2})\mathrm{d}x\ (a>0)$;

2. $\int_{-\frac{\pi}{4}}^{\frac{\pi}{4}} \cos^7(2x)\mathrm{d}x$;

3. $\int_0^{n\pi} \sin^6\left(\frac{x}{2n}\right)\mathrm{d}x$;

4. $\int_{-2}^{2}(x+|x|)\mathrm{e}^{-|x|}\mathrm{d}x$;

5. $\int_{\frac{1}{e}}^{e} |\ln x| \mathrm{d}x$.

习题 3.4.7. 设 $f(x)$ 有一个原函数 $\dfrac{\sin x}{x}$, 求 $\int_{\frac{\pi}{2}}^{\pi} x f'(x) \mathrm{d}x$.

习题 3.4.8. 设函数 $f(x)$ 连续, 证明: $\int_0^x \left(\int_0^t f(u) \mathrm{d}u \right) \mathrm{d}t = \int_0^x (x-t) f(t) \mathrm{d}t.$

习题 3.4.9. 已知 $f(\pi) = 2$, 且 $\int_0^{\pi} [f(x) + f''(x)] \sin x \mathrm{d}x = 5$, 求 $f(0)$.

3.5　定积分的应用

习题 3.5.1. 求下列曲线段的弧长:

1. $y^2 = x^3$, 从点 $(0,0)$ 到点 $(4,8)$ 的一段;

2. $y = \ln \dfrac{e^x - 1}{e^x + 1}$, 从 $x = 1$ 到 $x = 2$ 的一段;

3. $x = \dfrac{1}{4}y^2 - \dfrac{1}{2}\ln y$, 从 $y = 1$ 到 $y = 2$ 的一段;

4. $y = \displaystyle\int_0^x \sqrt{\sin t}\, dt$ 的全长;

5. $\begin{cases} x = \mathrm{e}^t \sin t, \\ y = \mathrm{e}^t \cos t \end{cases} \left(0 \leqslant t \leqslant \dfrac{\pi}{2}\right)$;

6. $\rho = a \sin^3 \dfrac{\theta}{3}$ $(0 \leqslant \theta \leqslant 3\pi$, 常数 $a > 0)$.

习题 3.5.2. 求由下列曲线所围成平面图形的面积:

1. $y = x^2$, $y = 2x^2$ 与 $y = 1$;

2. $y = \sin x$, $y = \cos x$ 与 $x = 0, x = \dfrac{\pi}{2}$;

3. $y=x(x-1)(x-2)$ 与 $y=3(x-1)$；

4. 星形线 $\begin{cases} x=a\cos^3 t, \\ y=a\sin^3 t \end{cases} \quad (a>0)$；

5. 圆 $\rho=\sqrt{2}\sin\theta$ 与双纽线 $\rho^2=\cos 2\theta$ 的内部的公共部分．

习题 3.5.3. 过原点引抛物线 $y=a(x+1)^2+3\,(a>0)$的两条切线，求此两条切线与抛物线所围部分的面积 $S(a)$，并求 $S(a)$ 的最小值．

习题 3.5.4. 有一立体, 底面是长轴为 20、短轴为 10 的椭圆, 而垂直于长轴的截面都是等边三角形, 求其体积.

习题 3.5.5. 求下列各曲线围成图形绕指定轴旋转一周所得旋转体的体积:

1. $y^2 = 4x$ 与 $x = 1$, 绕 x 轴;

2. 摆线 $\begin{cases} x = a(t - \sin t), \\ y = a(1 - \cos t) \end{cases}$ 的一拱 $(0 \leqslant t \leqslant 2\pi$ 且 $a > 0)$ 与 x 轴, 绕 y 轴;

3. $x^2 + y^2 = a^2$, 绕直线 $x = -b$ $(b > a > 0)$;

4. 心形线 $\rho = 4(1 + \cos\theta)$ 与射线 $\theta = 0$ 和 $\theta = \dfrac{\pi}{2}$，绕极轴.

习题 3.5.6. 求由 $y = \sin x \, (x \in [0, \pi])$ 和 x 轴所围成的平面图形分别绕 $y = 1$ 和 $x = 2\pi$ 旋转一周而得的旋转体的体积.

习题 3.5.7. 求下列曲线绕指定轴旋转一周所得旋转曲面的面积:

1. $y^2 = 2x$,　$x \in [0, 1]$，绕 x 轴；

2. 星形线 $\begin{cases} x = a\cos^3 t, \\ y = a\sin^3 t \end{cases}$ $(a > 0)$，绕 x 轴.

习题 3.5.8. 设直立于水中的矩形闸门宽 $10\,\mathrm{m}$, 高 $6\,\mathrm{m}$.

1. 求当水面在闸门顶上 $8\,\mathrm{m}$ 时, 闸门所受的压力;

2. 如欲使压力加倍, 则水面应升高多少?

习题 3.5.9. 一端固定的弹簧所受的压力 F 与其缩短的距离 x 之间的关系为 $F = kx$. 今有一弹簧, 原长 $1\,\mathrm{m}$, 每压缩 $1\,\mathrm{cm}$ 所增加的压力为 $5 \times 9.8 \times 10^{-3}\,\mathrm{N}$, 若弹簧自 $80\,\mathrm{cm}$ 压缩到 $60\,\mathrm{cm}$, 问需要做多少功?

习题 3.5.10. 有一半径为 $R\,\mathrm{m}$ 的半球形水池充满了水, 现要将水从顶部全部抽尽, 需要做多少功?

3.6　反常积分

习题 3.6.1. 利用定义判定下列反常积分的敛散性. 如果收敛, 计算它的值.

1. $\displaystyle\int_1^{+\infty}\frac{1}{(1+x)\sqrt{x}}\mathrm{d}x$;

2. $\displaystyle\int_1^{+\infty}\frac{\arctan x}{x^2}\mathrm{d}x$;

3. $\displaystyle\int_{-\infty}^{+\infty}\frac{x}{\sqrt{1+x^2}}\mathrm{d}x$;

4. $\displaystyle\int_0^1\frac{x}{\sqrt{1-x^2}}\mathrm{d}x$;

5. $\int_1^2 \frac{1}{x\sqrt{x^2-1}}\mathrm{d}x$;

6. $\int_1^{\mathrm{e}} \frac{1}{x\sqrt{1-(\ln x)^2}}\mathrm{d}x$;

7. $\int_a^b \frac{1}{\sqrt{(x-a)(b-x)}}\mathrm{d}x\ (a<b)$.

习题 3.6.2. 当 k 为何值时，反常积分 $\int_2^{+\infty} \frac{1}{x(\ln x)^k}\mathrm{d}x$ 收敛？又当 k 为何值时，该反常积分发散？

习题 3.6.3. 利用判敛准则讨论下列反常积分的敛散性:

1. $\displaystyle\int_1^{+\infty} \frac{\arctan x}{x^{\frac{3}{2}}}\,\mathrm{d}x$;

2. $\displaystyle\int_1^{+\infty} \frac{\ln(1+x^2)}{x}\,\mathrm{d}x$;

3. $\displaystyle\int_0^{1} \frac{1}{\sqrt{x-x^3}}\,\mathrm{d}x$;

4. $\displaystyle\int_2^{+\infty} \frac{1}{x^3\sqrt{x^2-3x+2}}\,\mathrm{d}x$.

习题 3.6.4. 判断下列反常积分的敛散性:

1. $\int_0^{+\infty} \frac{\ln(1+x^2)}{x^p}\mathrm{d}x \quad (p \in \mathbf{R})$;

2. $\int_0^{\frac{\pi}{2}} \frac{1}{\sin^p x \cos^q x}\mathrm{d}x \quad (p, q \in \mathbf{R})$.

习题 3.6.5. 利用 Γ 函数计算下列积分:

1. $\int_0^{+\infty} x^{\frac{3}{2}} \mathrm{e}^{-4x}\,\mathrm{d}x$;

2. $\int_0^{+\infty} x^{2n} \mathrm{e}^{-x^2}\,\mathrm{d}x \quad (n \in \mathbf{N}_+)$.

3.7　测试卷

一. 填空题

1. 极限 $\lim\limits_{n\to\infty}\dfrac{1}{n}\left(\sqrt{\dfrac{1+n}{n}}+\sqrt{\dfrac{2+n}{n}}+\cdots+\sqrt{\dfrac{n+n}{n}}\right)=$______;

2. 设 $f(x)=\displaystyle\int_0^x\frac{1-2t}{\sqrt{1+t^2}}\mathrm{d}t$, 则函数 $f(x)$ 在区间______内单增, 曲线 $y=f(x)$ 在区间______内向下凸;

3. 若 $\lim\limits_{x\to0}\dfrac{1}{bx-\sin x}\displaystyle\int_0^x\frac{t^2}{\sqrt{a+t^2}}\mathrm{d}t=3$, 则正常数 $a=$______, $b=$______;

4. 设 $\begin{cases}x=t\mathrm{e}^t,\\ y=\displaystyle\int_1^{1+\sin 2t}\left(1+\mathrm{e}^{\frac{1}{u}}\right)\mathrm{d}u,\end{cases}$ 则 $\left.\dfrac{\mathrm{d}y}{\mathrm{d}x}\right|_{t=0}=$______;

5. 已知 e^{-x} 是 $f(x)$ 的原函数, 则 $\displaystyle\int x^2f(\ln x)\mathrm{d}x=$______;

6. 若 $\displaystyle\int xf(x)\mathrm{d}x=\arcsin x+C$, 则 $\displaystyle\int\frac{1}{f(x)}\mathrm{d}x=$______;

7. $\displaystyle\int_{-2}^{2}x^2\left(\frac{\sin^3x}{1+x^6}+\sqrt{4-x^2}\right)\mathrm{d}x=$______;

8. $\displaystyle\int_0^{\frac{\pi}{2}}\frac{\mathrm{e}^{\sin x}}{\mathrm{e}^{\sin x}+\mathrm{e}^{\cos x}}\mathrm{d}x=$______;

9. 设 $f(x)=\begin{cases}x+x^2, & x<0,\\ \mathrm{e}^x, & x\geqslant0,\end{cases}$ 则 $\displaystyle\int_1^3f(x-2)\mathrm{d}x=$______;

10. $\displaystyle\int_1^{+\infty}\frac{1}{x\sqrt{x-1}}\mathrm{d}x=$______.

二. 选择题

1. 设 $f(x)=\displaystyle\int_0^{\sqrt{1+x}-1}\ln(1+t)\mathrm{d}t$, $g(x)=\mathrm{e}^x-x-1$, 则当 $x\to0$ 时, $f(x)$ 是 $g(x)$ 的 【　】

(A) 等价无穷小　　(B) 同阶但非等价无穷小

(C) 高阶无穷小　　(D) 低阶无穷小

2. 方程 $\sqrt{x}+\int_0^x \sqrt{1+t^4}\mathrm{d}t-\cos x=0$ 在区间 $(0,+\infty)$ 内 【　】

(A) 有且仅有一个实根　　(B) 有且仅有两个实根

(C) 有无穷多个实根　　(D) 无实根

3. 设 $I_k=\int_0^{k\pi} \mathrm{e}^{x^2}\sin x\mathrm{d}x\ (k=1,2,3)$, 则 【　】

(A) $I_1<I_2<I_3$　(B) $I_3<I_2<I_1$　(C) $I_2<I_3<I_1$　(D) $I_2<I_1<I_3$

三. 计算题

1. 求极限 $\lim\limits_{n\to\infty}\left(\dfrac{\sin\frac{\pi}{n}}{n+1}+\dfrac{\sin\frac{2\pi}{n}}{n+\frac{1}{2}}+\cdots+\dfrac{\sin\pi}{n+\frac{1}{n}}\right)$.

2. 求下列不定积分:

(1) $\int \tan^3 4x\mathrm{d}x$;　　(2) $\int \dfrac{\ln\tan x}{\sin x\cos x}\mathrm{d}x$;

(3) $\int \dfrac{1}{(\mathrm{e}^x+\mathrm{e}^{-x})^2}\mathrm{d}x$;　　(4) $\int \dfrac{\mathrm{e}^{\arctan x}}{(1+x^2)^{\frac{3}{2}}}\mathrm{d}x$.

3. 求下列定积分或者反常积分:

(1) $\int_{\frac{\pi}{2}}^{\frac{\pi}{2}+50\pi}\sqrt{1-\cos 2x}\mathrm{d}x$;

(2) $\int_0^{\pi}\left(\int_x^{\pi}\frac{\sin u}{u}\mathrm{d}u\right)\mathrm{d}x$;

(3) $\int_{\frac{1}{2}}^{\frac{3}{2}}\frac{1}{\sqrt{|x-x^2|}}\mathrm{d}x$;

(4) $\int_0^1\frac{\ln(1+x)}{1+x^2}\mathrm{d}x$.

4. 设函数 f 连续, 且 $\lim\limits_{x\to 0}\frac{f(x)}{x}=A$ (常数). 令 $\varphi(x)=\int_0^1 f(xt)\mathrm{d}t$, 求 $\varphi'(x)$, 并讨论它在点 $x=0$ 处的连续性.

5. 设函数 f 在 $(-\infty,+\infty)$ 内满足 $f(x)=f(x-\pi)+\sin x$, 且当 $x\in[0,\pi)$ 时有 $f(x)=x$, 求 $\int_{\pi}^{3\pi}f(x)\mathrm{d}x$.

四. 综合题

1. 设 $f(x)=\int_{x}^{x+\frac{\pi}{2}}|\sin t|\mathrm{d}t$, 证明 $f(x+\pi)=f(x)$, 并求 $f(x)$ 在区间 $\left[-\frac{41}{4}\pi,\frac{41}{4}\pi\right]$ 上的最大值与最小值.

2. 设 $f(x)$ 有连续导数, 且 $F(x)=\int_{0}^{x}f(t)f'(2a-t)\mathrm{d}t$, 试证:

$$F(2a)-2F(a)=f^2(a)-f(0)f(2a).$$

3. 设函数 f 在 $[a,b]$ 上具有一阶连续导数, 且 $f(a)=0$, 证明:

$$\int_a^b f(x)\mathrm{d}x \leqslant \frac{M}{2}(b-a)^2, \text{ 其中 } M=\max_{x\in[a,b]} f'(x).$$

4. 求由曲线 $\rho=\mathrm{e}^{a\theta}$ $(a>0)$ 上相应于 θ 从 0 变到 2π 的一段弧长与极轴所围图形的面积.

5. 问 a 为何值时, 曲线 $y=\dfrac{a+1}{a^2}(ax-x^2)$ $(a>0)$ 与直线 $y=x$ 所围图形的面积最大?

6. 已知抛物线 $y = ax^2 + bx + c$ 过坐标原点, 在区间 $(0,1)$ 内满足 $y > 0$, 并且它与直线 $x = 1, y = 0$ 所围图形的面积等于 $\dfrac{4}{3}$. 试确定 a, b, c 的值, 使该图形绕 x 轴旋转所得旋转体的体积最小.

7. 过坐标原点作曲线 $y = \sqrt{x-1}$ 的切线, 求由此切线、曲线 $y = \sqrt{x-1}$ 及 x 轴围成的平面图形绕 x 轴旋转一周得到的旋转体的体积和侧面积.

8. 有一半径为 $R\,\mathrm{m}$ 的球, 其密度与水密度相等, 且刚好浸没在水中, 现用力把它提离水面, 应做多少功?

第四章　常微分方程（组）及其应用

4.1　几类简单的微分方程

习题 4.1.1. 下列各题中所给函数是否为所给方程的解？若是解，是通解还是特解？

1. $xy' - y = x\tan\dfrac{y}{x}$； $y = x\arcsin x$, $y = x\arcsin Cx$ (C 为常数).

2. $y'' + y = 2$； $y = \cos x$, $y = \cos x + \sin x + 2$, $y = C_1\cos x + C_2\sin x + 2C_3$ (C_1, C_2, C_3为常数).

3. $y' - 2xy = 1$； $y = \mathrm{e}^{x^2}\displaystyle\int_0^x \mathrm{e}^{-t^2}\mathrm{d}t + \mathrm{e}^{x^2}$.

习题 4.1.2. 求下列曲线族所满足的微分方程:

1. $y = C_1\cos 3x + C_2\sin 3x$；

2. $y = \dfrac{C_1}{x} + C_2 x$.

习题 4.1.3. 求下列方程的通解:

1. $\dfrac{\mathrm{d}y}{\mathrm{d}x} = \dfrac{\sqrt{1-y^2}}{\sqrt{1-x^2}}$;

2. $\sec^2 x \tan y \mathrm{d}x + \sec^2 y \tan x \mathrm{d}y = 0$;

3. $y' - \dfrac{1}{x} y - x^2 = 0$;

4. $y' + y\cos x = \mathrm{e}^{-\sin x}$;

5. $y'(x\cos y + \sin 2y) = 1$.

习题 4.1.4. 求下列方程的通解或特解:

1. $xy' = y(1 + \ln y - \ln x)$;

2. $xy' + y - xy^3 = 0$;

3. $\dfrac{\mathrm{d}y}{\mathrm{d}x}=\dfrac{2x-y-4}{x+y-1}$;

4. $y'=\cos(x-y)$;

5. $xy'+y=y\ln(xy)$;

6. $\begin{cases}(x^2-1)y'+2xy-\cos x=0,\\ y(0)=-1;\end{cases}$

7. $\begin{cases} xy\dfrac{\mathrm{d}y}{\mathrm{d}x} = x^2 + y^2, \\ y(\mathrm{e}) = 2\mathrm{e}\,. \end{cases}$

习题 4.1.5. 求下列方程的通解或特解:

1. $y'' = x - \sin x\,;$

2. $x^2y'' = (y')^2 + 2xy'\,;$

3. $yy'' + (y')^2 = y'$;

4. $\begin{cases} (1-x^2)\,y'' - xy' = 0, \\ y(0) = 0,\ y'(0) = 1; \end{cases}$

5. $\begin{cases} 2yy'' = (y')^2 + y^2, \\ y(0) = 1, y'(0) = -1. \end{cases}$

习题 4.1.6. 证明:

1. 若 $y_1(x)$ 是一阶线性非齐次方程 $y'+P(x)y=Q(x)$ 的解, 而 $y_0(x)$ 是对应的齐次方程的非零解, 则 $y=y_1(x)+Cy_0(x)$ 必为非齐次方程的通解, 其中 C 为任意常数;

2. 若$y_1(x)$与$y_2(x)$是一阶线性非齐次方程 $y'+P(x)y=Q(x)$ 的两个不同解, 则 $y=y_1(x)-y_2(x)$ 必为对应的齐次方程的解.

习题 4.1.7. 设一艘质量为 m 的船以速度 v_0 沿直线行驶, 已知水的阻力与速度的立方成正比, 并当 $v=v_0$ 时的阻力为 F_0. 若时刻 $t=0$ 时关闭船的动力, 求动力关闭后船的速度 v 与其经过的路程 s 的函数关系.

习题 4.1.8. 设 $P(x,y)$ 是连接 $B(1,0)$ 和 $A(0,1)$ 两点的一条向上凸的曲线上的任意一点, 已知曲线与弦 AP 之间的面积为 x^3, 求此曲线方程.

习题 4.1.9. 已知函数 f 满足关系式 $\int_0^x tf(t)\mathrm{d}t = x^2 + f(x)$, 求 $f(x)$.

习题 4.1.10. 已知函数 f 满足关系式 $\int_0^1 f(tx)\mathrm{d}t = \frac{1}{2}f(x) + 1\ (x \neq 0)$, 求 $f(x)$.

习题 4.1.11. 设对任意的 x, y, 恒有 $f(x+y) = \mathrm{e}^y f(x) + \mathrm{e}^x f(y)$, 其中 f 在点 $x = 0$ 处可导, 且 $f'(0) = 2$, 求 $f(x)$.

4.2　高阶线性微分方程

习题 4.2.1. 判断下列函数在 $\mathbf{R}$ 内是线性相关还是线性无关.

1. $\mathrm{e}^x, x\mathrm{e}^x$;

2. $0, f(x)$ (其中 $f(x)$ 为任意函数);

3. $\mathrm{e}^{\lambda_1 x},\ \mathrm{e}^{\lambda_2 x},\ \mathrm{e}^{\lambda_3 x}$ (其中 $\lambda_1,\ \lambda_2,\ \lambda_3$ 是互异的常数).

习题 4.2.2. 已知 $y_1 = \mathrm{e}^x, y_2 = \mathrm{e}^{-x}$ 是方程 $y'' + P(x)y' + Q(x)y = 0$ 的两个特解, 试写出其通解, 并求满足条件 $\begin{cases} y(0) = 1, \\ y'(0) = -2 \end{cases}$ 的特解.

习题 4.2.3. 已知 $y_1 = x^2, y_2 = x + x^2, y_3 = \mathrm{e}^x + x^2$ 都是方程

$$(x-1)y'' - xy' + y = -x^2 + 2x - 2$$

的解, 求该方程的通解.

习题 4.2.4. 已知 $y=x$ 是方程 $y''-\frac{1}{x}y'+\frac{1}{x^2}y=0$ 的一个特解, 求该方程的通解.

习题 4.2.5. 求下列方程的通解:

1. $y''+y'-2y=0$;

2. $4y''+12y'+9y=0$;

3. $y''+4y'+14y=0$;

4. $y''+2ky'+\omega^2y=0$ (k,ω为常数);

5. $y^{(4)}-2y^{(3)}+y''=0$.

习题 4.2.6. 求初值问题 $y''-10y'+25\,y=0,\ y(0)=1,\ y'(0)=0$ 的解.

习题 4.2.7. 求以 $y=\mathrm{e}^{-x}\,(C_1+C_2x)$ 为通解的二阶线性齐次微分方程.

习题 4.2.8. 求方程 $y''+9y=0$ 的一条积分曲线, 使得该曲线通过点 $(\pi,-1)$, 且在该点和直线 $y+1=x-\pi$ 相切.

习题 4.2.9. 求下列方程的一个特解:

1. $y''+2y'=-x+3$;

2. $y'' + 9y = 2\cos 3x$;

3. $y'' - 3y' + 2y = 3x + 5\sin 2x$;

4. $y'' + 4y' + 4y = 8(x^2 + \mathrm{e}^{-2x})$.

习题 4.2.10. 求下列方程的通解:

1. $y'' - 2y' + y = 5x\mathrm{e}^x$;

2. $y'' - 4y' + 5y = 2\mathrm{e}^{2x}\sin x$;

3. $y'' + y = \sin x \sin 2x$;

4. $y'' - ay' = 2 + \mathrm{e}^{bx}$ (a, b 为实常数, 且 $a \neq 0, b \neq 0$).

习题 4.2.11. 求下列初值问题的解:

1. $y'' + 4y' + 4y = \mathrm{e}^{-2x},\ y(0) = 0,\ y'(0) = 1$;

2. $y''' - y' = -2x,\ y(0) = 0,\ y'(0) = 1,\ y''(0) = 2.$

习题 4.2.12. 设函数 $f(x)$ 连续，且满足方程 $f(x) = \mathrm{e}^x - \int_0^x (x-t)f(t)\mathrm{d}t$，试求 $f(x)$.

习题 4.2.13. 求下列 Euler 方程的通解：

1. $x^2y'' + 5xy' + 13y = 0$;

2. $y'' - \dfrac{1}{x}y' + \dfrac{2}{x^2}y = \dfrac{1}{x}\ln x$.

4.3　一阶常系数线性微分方程组解法举例

习题 4.3.1. 求解下列方程组:

1. $\begin{cases} \dfrac{\mathrm{d}x}{\mathrm{d}t}+\dfrac{\mathrm{d}y}{\mathrm{d}t}+2x+y=0\,, \\ \dfrac{\mathrm{d}y}{\mathrm{d}t}+5x+3y=0\,; \end{cases}$

2. $\begin{cases} \dfrac{\mathrm{d}x}{\mathrm{d}t}+y-2x=6\mathrm{e}^{-t}\,, \\ \dfrac{\mathrm{d}^2x}{\mathrm{d}t^2}+\dfrac{\mathrm{d}^2y}{\mathrm{d}t^2}-2\dfrac{\mathrm{d}x}{\mathrm{d}t}=0\,. \end{cases}$

习题 4.3.2. 求方程组 $\begin{cases} \dfrac{\mathrm{d}x}{\mathrm{d}t}+5x+y=0, \\ \dfrac{\mathrm{d}y}{\mathrm{d}t}-2x+3y=0 \end{cases}$ 满足初始条件 $x(0)=0,\ y(0)=1$ 的特解.

4.4 微分方程应用举例

习题 4.4.1. 设有一个容积为10800 m^3的化工车间, 开始时空气中含有0.12%的CO_2, 为了保证工人的身体健康, 用一台风量为1500 $\mathrm{m}^3/\mathrm{min}$的鼓风机通入含有0.04%的$CO_2$的新鲜空气, 同时以相同风量将车间中的空气排出, 问鼓风机开动10 min后, 车间中CO_2的百分比降低到多少?

习题 4.4.2. 为了研究静脉输入葡萄糖的过程, 设 $G(t)$ 为 t 时刻血液中的葡萄糖含量, 且设葡萄糖以每分钟 b g 的固定速率输入到血液中. 同时, 血液中的葡萄糖还会转化为其他物质或转移到其他地方, 其速率与葡萄糖含量成正比(比率为 a). 试列出描述这一情况的微分方程并求解.

习题 4.4.3. 已知一列火车沿水平直线轨道运动, 设火车的重量为 P, 机车牵引力为 F, 运动阻力 $R = a + bv$ (a, b, F, P 为常数, v 为火车的速度). 若火车由静止开始运动, 求火车的运动规律.

4.5　测试卷

一. 填空题

1. 设函数 $y=y(x)$ 在任一点 x 处的改变量 Δy 可表示为 $\Delta y=\dfrac{y^2}{(1+x)^2}\Delta x+\alpha$, 其中 α 是 Δx 的高阶无穷小($\Delta x\to 0$), 若 $y(0)=1$, 则 $y(x)=$ ________;

2. 微分方程 $\cos y\mathrm{d}x+(1+\mathrm{e}^{-x})\sin y\mathrm{d}y=0$ 的通解为________;

3. 微分方程 $xy'-y=\dfrac{x}{\ln x}$ 的通解为________;

4. 方程 $y^{(4)}-k^4y=0$ (k 为正常数)的通解为________;

5. 若二阶常系数齐次线性微分方程的一个特解为 $y=x\mathrm{e}^x$, 则该方程为________;

6. 若二阶常系数线性微分方程 $y''+\alpha y'+\beta y=r\mathrm{e}^{2x}$ 有特解 $y=3\mathrm{e}^{-x}-x\mathrm{e}^{2x}$, 则此方程的通解为________;

7. 设二阶微分方程 $y''+p(x)y'+q(x)y=f(x)$ 的三个特解为 $y_1=x, y_2=\mathrm{e}^x$, $y_3=\mathrm{e}^{2x}$, 则方程满足初始条件 $y(0)=1$, $y'(0)=3$ 的特解为________;

8. 已知 $y_1=x$ 是方程 $(x^2+4)y''-2xy'+2y=0$ 的一个解, 则该方程的通解为________.

二. 选择题

1. 设线性无关的函数 y_1, y_2, y_3 都是二阶非齐次线性微分方程的特解, 则非齐次线性微分方程的通解为　【　】

   (A) $C_1y_1+C_2y_2-(1-C_1-C_2)y_3$　　(B) $C_1y_1+C_2y_2+(1-C_1-C_2)y_3$

   (C) $C_1y_1+C_2y_2+y_3$　　(D) $C_1y_1+C_2y_2-(C_1+C_2)y_3$

2. 微分方程 $y''-5y'+6y=x\mathrm{e}^{3x}$ 的特解形式为 (其中 A, B 为待定常数)　【　】

   (A) $A\mathrm{e}^{3x}$　　(B) $Ax\mathrm{e}^{3x}$

   (C) $(Ax+B)\mathrm{e}^{3x}$　　(D) $x(Ax+B)\mathrm{e}^{3x}$

3. 微分方程 $y''-2y'+5y=\mathrm{e}^x\sin 2x$ 的特解形式为 (下面 A, B 为待定常数)　【　】

   (A) $A\mathrm{e}^x\sin 2x$　　(B) $Ax\mathrm{e}^x\sin 2x$

   (C) $Ax\mathrm{e}^x\cos 2x$　　(D) $Ax\mathrm{e}^x\sin 2x+Bx\mathrm{e}^x\cos 2x$

4. 设 $f(x)$ 可微, 且定积分 $\int_0^1 (f(x)+xf(xt))\mathrm{d}t$ 的值与 x 无关, 则 $f(x)$ 的表达式为 (下面 C 为任意常数) 【　】

(A) $C\mathrm{e}^{x}$　　(B) $C\mathrm{e}^{-x}$　　(C) $C\mathrm{e}^{2x}$　　(D) $C\mathrm{e}^{-2x}$

三. 计算题

1. 求下列方程的通解:

(1) $y\ln y\mathrm{d}x+(x-\ln y)\mathrm{d}y=0$;

(2) $y\mathrm{d}x-(x-y^2\cos y)\,\mathrm{d}y=0$;

(3) $yy''-(y')^2=y^2y'$;

(4) $y''+7y'+10y=18\mathrm{e}^{x}-8\mathrm{e}^{-5x}$;

(5) $y''-\frac{1}{x}y'+\frac{y}{x^2}=\frac{2}{x}$;

(6) $x^3y^{(4)}+2x^2y^{(3)}-xy''+y'=x^3$.

2. 设二阶可微函数 $f(x)$ 满足方程 $\int_0^x (x+1-t)f'(t)\mathrm{d}t=x^2+\mathrm{e}^x-f(x)$, 求 $f(x)$.

3. 已知二阶可微函数 $f(x)$ 满足 $f(0)=0$ 和方程 $f'(x)=1+\int_0^x \big(6\sin^2 t-f(t)\big)\,\mathrm{d}t$, 求 $f(x)$.

四. 综合题

1. 设函数 f 具有二阶连续导数, 且 f 以 2π 为周期, 又满足方程

$$f(x)+3f'(x+\pi)=\sin x,$$

求 $f(x)$.

2. 设由曲线 $y=f(x)$ $(f(x)\geqslant 0)$, 直线 $x=x$ 及 x 轴所围成的曲边三角形的面积与函数 $f(x)$ 的 $n+1$ 次幂成正比, 已知 $f(0)=0$, $f(1)=1$, 求该曲线对应的方程.

3. 设函数 $y=y(x)$ $(x\geqslant 0)$ 二阶可导, 且 $y'(x)>0$, $y(0)=1$. 分别过曲线 $y=y(x)$ 上任一点 $P(x,y)$ 作该曲线的切线和 x 轴的垂线. 上述两直线与 x 轴所围成的三角形面积记为 S_1, 闭区间 $[0,x]$ 上以 $y=y(x)$ 为曲边的曲边梯形面积记为 S_2, 并设 $2S_1-S_2=1$. 求此曲线对应的方程 $y=y(x)$.

第五章　向量代数与空间解析几何

5.1　向量及其运算

习题 5.1.1. 试研究下列问题:

1. 如果 $\boldsymbol{a}\cdot\boldsymbol{b}=0$, 能否得出结论 $\boldsymbol{a}=\boldsymbol{0}$ 或 $\boldsymbol{b}=\boldsymbol{0}$？

2. $\boldsymbol{a}\cdot\boldsymbol{a}=1$ 在什么情况下成立？

3. 两个单位向量的数量积等于 1 对吗？

4. 如果 $\boldsymbol{a}\times\boldsymbol{c}=\boldsymbol{b}\times\boldsymbol{c}$, 且 $\boldsymbol{c}\neq\boldsymbol{0}$, 是否有 $\boldsymbol{a}=\boldsymbol{b}$？

5. 如果 $\boldsymbol{a}\times\boldsymbol{c}=\boldsymbol{b}\times\boldsymbol{c}$, $\boldsymbol{c}\neq\boldsymbol{0}$, 且 $\boldsymbol{a},\boldsymbol{b}$ 不平行于 $\boldsymbol{c}$, 是否有 $\boldsymbol{a}=\boldsymbol{b}$？

习题 5.1.2. 已知 $|\boldsymbol{a}| = 3$, $|\boldsymbol{b}| = 26$, $|\boldsymbol{a} \times \boldsymbol{b}| = 72$, 求 $\boldsymbol{a} \cdot \boldsymbol{b}$.

习题 5.1.3. 已知 $|\boldsymbol{a}| = 10$, $|\boldsymbol{b}| = 2$, $\boldsymbol{a} \cdot \boldsymbol{b} = 12$, 求 $|\boldsymbol{a} \times \boldsymbol{b}|$.

习题 5.1.4. 已知 $\boldsymbol{a}, \boldsymbol{b}, \boldsymbol{c}$ 为单位向量, 并满足 $\boldsymbol{a} + \boldsymbol{b} + \boldsymbol{c} = \boldsymbol{0}$, 求 $\boldsymbol{a} \cdot \boldsymbol{b} + \boldsymbol{b} \cdot \boldsymbol{c} + \boldsymbol{c} \cdot \boldsymbol{a}$.

习题 5.1.5. 试用向量证明: 直径所对的圆周角为直角.

5.2　空间直角坐标系及向量运算的坐标表示

习题 5.2.1. 在 yOz 平面上, 求与三点 $A(3,1,2), B(4,-2,-2), C(0,5,1)$ 等距离的点.

习题 5.2.2. 确定 α, β, γ 的值, 使两向量 $\alpha\boldsymbol{i}+3\boldsymbol{j}+(\beta-1)\boldsymbol{k}$, $3\boldsymbol{i}+\gamma\boldsymbol{j}+3\boldsymbol{k}$ 相等, 并求其模.

习题 5.2.3. 求点 $A(1,-3,2)$ 关于点 $M(-1,2,1)$ 的对称点 B 的坐标.

习题 5.2.4. 设一向量与 x 轴及 y 轴的夹角相等, 而与 z 轴的夹角是前者的两倍, 求这个向量的方向余弦.

习题 5.2.5. 求平行于向量 $\boldsymbol{a}=\{6,7,-6\}$ 的单位向量.

习题 5.2.6. 设 $\boldsymbol{a}=\boldsymbol{i}+\boldsymbol{j}+\boldsymbol{k}, \boldsymbol{b}=\boldsymbol{i}-2\boldsymbol{j}+\boldsymbol{k}, \boldsymbol{c}=-2\boldsymbol{i}+\boldsymbol{j}+2\boldsymbol{k}$, 试用单位向量 $\boldsymbol{a}^{\circ}, \boldsymbol{b}^{\circ}, \boldsymbol{c}^{\circ}$ 表示向量 $\boldsymbol{i}, \boldsymbol{j}, \boldsymbol{k}$.

习题 5.2.7. 求两个向量 $\boldsymbol{a}=\boldsymbol{i}+\boldsymbol{j}+\boldsymbol{k}, \boldsymbol{b}=\boldsymbol{i}+\boldsymbol{j}-\boldsymbol{k}$之间的夹角.

习题 5.2.8. 已知向量$\boldsymbol{a}=\{3,-6,1\}, \boldsymbol{b}=\{1,4,-5\}$ 和 $\boldsymbol{c}=\{3,-4,12\}$, 求 $\boldsymbol{a}+\boldsymbol{b}$在 $\boldsymbol{c}$上的投影.

习题 5.2.9. 证明：三向量 $2\boldsymbol{i}+\boldsymbol{j}-\boldsymbol{k}$, $3\boldsymbol{i}+7\boldsymbol{j}+13\boldsymbol{k}$ 和 $20\boldsymbol{i}-29\boldsymbol{j}+11\boldsymbol{k}$ 两两垂直.

习题 5.2.10. 确定 m 和 n 的值, 使得向量 $\boldsymbol{a}=-2\boldsymbol{i}+3\boldsymbol{j}+n\boldsymbol{k}$ 和 $\boldsymbol{b}=m\boldsymbol{i}-6\boldsymbol{j}+2\boldsymbol{k}$ 共线.

习题 5.2.11. 求与向量 $\boldsymbol{a}=\{2,-1,1\}$ 及 $\boldsymbol{b}=\{1,2,-1\}$ 都垂直的单位向量.

习题 5.2.12. 已知三角形顶点 $A(1,-1,2), B(5,-6,2)$ 和 $C(1,3,-1)$，计算 AC 边上高的长度.

习题 **5.2.13.** 证明: $A(1,2,-1), B(0,1,5), C(-1,2,1)$ 及 $D(2,1,3)$ 四点在同一平面上.

习题 **5.2.14.** 证明向量 $\boldsymbol{a}=\{2,-4,2\}, \boldsymbol{b}=\{3,-3,6\}$ 与 $\boldsymbol{c}=\{3,-4,5\}$ 共面, 并求出 λ 和 μ 的值使得 $\boldsymbol{c}=\lambda\boldsymbol{a}+\mu\boldsymbol{b}$.

习题 **5.2.15.** 已知向量 $\boldsymbol{a}=\{3,1,2\}$, $\boldsymbol{b}=\{3,0,4\}$, $\boldsymbol{c}=\{-3,1,-1\}, \boldsymbol{d}=\{4,4,-1\}$, 若 $\boldsymbol{d}=\lambda\boldsymbol{a}+\mu\boldsymbol{b}+\nu\boldsymbol{c}$, 求常数 λ,μ 和 ν 的值.

5.3 平面与直线

习题 5.3.1. 是否存在满足下列条件的平面？如果存在的话，是否唯一？

1. 过一已知点且与一已知直线平行;

2. 过一已知点且与一已知直线垂直;

3. 过一已知点且与一已知平面平行;

4. 过一已知点且与一已知平面垂直;

5. 过两已知点且与一已知直线平行;

6. 过两已知点且与一已知直线垂直;

7. 过两已知点且与一已知平面平行;

8. 过两已知点且与一已知平面垂直.

习题 5.3.2. 求满足下列条件的平面方程:

1. 过点 $(4,-7,1)$ 且与平面 $3x-7y+5z-12=0$ 平行;

2. 过原点且垂直于平面 $x-y+z-7=0$ 及 $3x+2y-12z-5=0$;

3. 过点 $(1,1,1)$ 和点 $(0,1,-1)$ 且与平面 $x+y+z=0$ 相垂直;

4. 过点 $(7,6,7),(5,10,5)$ 和 $(-1,8,9)$;

5. 过点 $(4,0,-2),(5,1,7)$ 且平行于 x 轴.

习题 5.3.3. 求平行于平面 $5x-14y+2z+36=0$ 且与此平面的距离为 3 的平面方程.

习题 5.3.4. 求满足下列条件的直线方程:

1. 通过点 $(2,-3,8)$ 且平行于 z 轴;

2. 通过点 $(-3,5,-9)$ 且与两直线 $\begin{cases} y=3x+5, \\ z=2x-3 \end{cases}$ 和 $\begin{cases} z=5x+10, \\ y=4x-7 \end{cases}$ 相交;

3. 通过点 $(1,2,3)$ 和 z 轴相交, 且和直线 $x=y=z$ 垂直.

习题 5.3.5. 将直线方程$\begin{cases} x-y+z+5=0, \\ 5x-8y+4z+36=0 \end{cases}$化为标准方程.

习题 5.3.6. 求直线$\begin{cases} 5x-3y+3z-9=0, \\ 3x-2y+z-1=0 \end{cases}$和$\begin{cases} 2x+2y-z+23=0, \\ 3x+8y+z-18=0 \end{cases}$夹角的余弦.

习题 5.3.7. 求直线$\begin{cases} 3x-y+2z=0, \\ 6x-3y+2z=2 \end{cases}$的方向向量的方向余弦.

习题 5.3.8. 求点$A(1,2,3)$到直线$\begin{cases} x+y-z=1, \\ 2x+z=3 \end{cases}$的距离.

习题 5.3.9. 求直线 $\dfrac{x}{2}=\dfrac{y+12}{3}=\dfrac{z-4}{6}$ 和平面 $6x+15y-10z=0$ 的交角.

习题 5.3.10. 已知直线 L_1, L_2 的方向向量分别为 $\boldsymbol{a}_1, \boldsymbol{a}_2$, M_1, M_2 分别为 L_1, L_2 上的已知点, 试用向量 $\boldsymbol{a}_1, \boldsymbol{a}_2, \overrightarrow{M_1M_2}$ 满足的关系讨论直线 L_1, L_2 平行、异面、相交的充要条件.

习题 5.3.11. 证明直线 $\dfrac{x+3}{1}=\dfrac{y+1}{1}=\dfrac{z-2}{2}$ 和 $\dfrac{x-8}{3}=\dfrac{y-1}{1}=\dfrac{z-6}{2}$ 相交, 并求交点坐标及由这对直线所确定的平面方程.

习题 5.3.12. 求直线 $\dfrac{x}{1}=\dfrac{y-11}{-2}=\dfrac{z-4}{1}$ 和 $\dfrac{x-6}{7}=\dfrac{y+7}{-6}-\dfrac{z}{1}$ 的距离及公垂线方程.

习题 5.3.13. 求垂直于平面 $5x - y + 3z - 2 = 0$ 且与它的交线在 xOy 面上的平面方程.

习题 5.3.14. 求过直线 $\begin{cases} x + y + z - 1 = 0, \\ 2x - y + 3z = 0 \end{cases}$ 且平行于直线 $x = 2y = 3z$ 的平面方程.

习题 5.3.15. 求一平面, 使它通过两平面 $3x + y - z + 5 = 0$ 与 $x - y + z - 2 = 0$ 的交线且与平面 $y - z = 0$ 成 $45°$ 的角.

5.4 空间曲面与空间曲线

习题 5.4.1. 求适合下列条件的旋转曲面方程, 并作出草图:

1. 曲线 $\begin{cases} 4x^2 - 9y^2 = 36, \\ z = 0 \end{cases}$ 绕 y 轴旋转一周;

2. 曲线 $\begin{cases} z^2 = 5x, \\ y = 0 \end{cases}$ 绕 x 轴旋转一周.

习题 5.4.2. 指出下列方程表示什么曲面, 并作出草图:

1. $x^2 + \dfrac{y^2}{4} + \dfrac{z^2}{9} = 1$;

2. $\dfrac{x^2}{4} + \dfrac{y^2}{9} = z$;

3. $x^2 + \dfrac{y^2}{4} - \dfrac{z^2}{9} = 0$;

4. $x^2 + y^2 + 2z = 0$.

习题 5.4.3. 求曲线 $\begin{cases} 2x^2+y^2+z^2=16, \\ x^2+z^2-y^2=0 \end{cases}$ 在 xOy 平面的投影柱面方程.

习题 5.4.4. 求曲线 $\begin{cases} x^2+y^2-z=0, \\ z=x+1 \end{cases}$ 在 xOy 平面上的投影曲线方程.

习题 5.4.5. 求单叶双曲面 $\dfrac{x^2}{4}+\dfrac{y^2}{9}-z^2=1$ 与平面 $x-z+2=0$ 的交线在 xOy 面上的投影曲线的方程以及以此投影曲线为准线, 母线平行于 z 轴的柱面方程.

习题 5.4.6. 求母线平行于向量 $2\boldsymbol{i}-3\boldsymbol{j}+4\boldsymbol{k}$, 准线为 $\begin{cases} x^2+y^2=9, \\ z=1 \end{cases}$ 的柱面方程.

习题 5.4.7. 求与 xOy 平面成 45° 角，且过点 $(1,0,0)$ 的直线的轨迹.

习题 5.4.8. 求直线 $\begin{cases} x+y+z-1=0, \\ x-y+z+1=0 \end{cases}$ 在平面 $x+y+z=0$ 上的投影曲线方程.

习题 5.4.9. 设直线 L 过 $A(1,0,0), B(0,1,1)$ 两点，将 L 绕 z 轴旋转一周得到曲面 Σ，求曲面 Σ 的方程.

习题 5.4.10. 已知柱面的准线方程为 $\begin{cases} x^2-y^2=z, \\ x+y+z=0, \end{cases}$ 母线垂直于准线所在平面，求该柱面方程.

习题 5.4.11. 已知锥面的顶点为 $M_0(3,-1,-2)$, 准线为单叶双曲面 $x^2+y^2-z^2=1$ 与平面 $x-y+z=0$ 的交线, 求锥面方程.

习题 5.4.12. 证明曲线 $\begin{cases} x=3\sin t, \\ y=4\sin t, \\ z=5\cos t \end{cases}$ 是一个圆, 并求它的圆心和半径.

习题 5.4.13. 将曲面的参数方程 $\begin{cases} x=ar\cos\theta, \\ y=br\sin\theta, \\ z=r^2\cos 2\theta \end{cases}$ (常数 $a,b\neq 0$) 化为直角坐标方程.

5.5　测试卷

一. 填空题

1. 已知 $|\boldsymbol{a}|=1$, $|\boldsymbol{b}|=2$, 且 $|\boldsymbol{a}\times\boldsymbol{b}|=\sqrt{3}$, 则 $\boldsymbol{a}\cdot\boldsymbol{b}=$ ________;

2. 设 $\boldsymbol{a}+\boldsymbol{b}+\boldsymbol{c}=\boldsymbol{0}$, 且 $|\boldsymbol{a}|=3$, $|\boldsymbol{b}|=1$, $|\boldsymbol{c}|=2$, 则 $\boldsymbol{a}\cdot\boldsymbol{b}+\boldsymbol{b}\cdot\boldsymbol{c}+\boldsymbol{c}\cdot\boldsymbol{a}=$ ________;

3. 若 $\boldsymbol{a}//\boldsymbol{b}$, 且 $\boldsymbol{b}=\{3,4,1\}$, 又向量 $\boldsymbol{a}$ 在 x 轴上的投影为 -2, 则 $\boldsymbol{a}=$ ________;

4. 已知 $A(1,2,0)$, $B(3,0,-3)$, $C(5,2,6)$, 则 ΔABC 的面积 $S=$ ________;

5. 点 $A(1,1,1)$ 在平面 $x+y+z=0$ 上的投影为________;

6. 过点 $M(1,2,-1)$ 且与直线 $L:\begin{cases}x=-t+2,\\ y=3t-4,\\ z=t-1\end{cases}$ 垂直的平面方程为________;

7. 一平面过原点且与两直线 $L_1:\dfrac{x+1}{1}=\dfrac{y+2}{2}=\dfrac{z-1}{1}$ 和 $L_2:\begin{cases}x=1,\\ y=-1+t,\\ z=2+t\end{cases}$ 均平行, 则此平面方程为________;

8. 若直线 $L:\dfrac{x-a}{3}=\dfrac{y}{-2}=\dfrac{z+1}{a}$ 在平面 $\pi: 3x+4y-az=3a-1$ 内, 则 $a=$ ________;

9. 设直线 $\dfrac{x+2}{2}=\dfrac{y}{-3}=\dfrac{z-1}{4}$ 与 $\dfrac{x-3}{\lambda}=\dfrac{y-1}{4}=\dfrac{z-7}{2}$ 相交, 则 $\lambda=$ ________;

10. 曲线 $\begin{cases}(z-1)(z+1)=2y,\\ x=0\end{cases}$ 绕 y 轴旋转所得旋转曲面的方程为________;

11. 两直线 $\dfrac{x}{1}=\dfrac{y}{2}=\dfrac{z}{-2}$ 与 $\dfrac{x-1}{1}=\dfrac{y-2}{2}=\dfrac{z-1}{-2}$ 的距离为________;

12. 直线 $L_1:\dfrac{x-1}{1}=\dfrac{y-5}{-2}=\dfrac{z+8}{1}$ 与 $L_2:\begin{cases}x-y=6,\\ 2y+z=3\end{cases}$ 的夹角 $\theta=$ ________.

二. 选择题

1. 设 $\boldsymbol{a}$, $\boldsymbol{b}$, $\boldsymbol{c}$ 均为非零向量, 则与 $\boldsymbol{a}$ 不垂直的向量是　【　】

(A) $(\boldsymbol{a}\cdot\boldsymbol{c})\boldsymbol{b}-(\boldsymbol{a}\cdot\boldsymbol{b})\boldsymbol{c}$　(B) $\boldsymbol{b}-\dfrac{\boldsymbol{a}\cdot\boldsymbol{b}}{\boldsymbol{a}\cdot\boldsymbol{a}}\boldsymbol{a}$　(C) $\boldsymbol{a}\times\boldsymbol{b}$　(D) $\boldsymbol{a}+(\boldsymbol{a}\times\boldsymbol{b})\times\boldsymbol{a}$

2. 直线 $L_1:\dfrac{x+2}{2}=\dfrac{y}{-3}=\dfrac{z-1}{4}$ 与 $L_2:\begin{cases}x=3t+3,\\y=4t+1,\\z=t+7\end{cases}$ 【　】

(A) 垂直　(B) 平行　(C) 相交　(D) 异面但不垂直

3. 设直线 $L_1:\begin{cases}x+z-1=0,\\x-2y+3=0\end{cases}$ 与 $L_2:\begin{cases}x=3t,\\y=-7+4t,\\z=2+t,\end{cases}$ 则 L_1 与 L_2 【　】

(A) 平行　(B) 重合　(C) 异面　(D) 相交

4. 设直线 $L_1:\begin{cases}2x-y-4=0,\\y-2z+4=0\end{cases}$ 与 $L_2:\begin{cases}x=3-2t,\\y=1+3t,\\z=5-4t,\end{cases}$ 则 L_1 与 L_2 【　】

(A) 垂直不相交　(B) 垂直相交　(C) 平行　(D) 异面不垂直

5. 设直线 $L:\begin{cases}x+3y+2z-2=0,\\2x-y-10z+4=0\end{cases}$ 与平面 $\pi:4x-2y+z-2=0$, 则 【　】

(A) $L//\pi$　(B) L 在 π 上　(C) L 与 π 斜交　(D) $L\perp\pi$

6. 方程 $y^2-2x^2-3z^2=0$ 所确定的曲面是 【　】

(A) 椭球面　(B) 双叶双曲面　(C) 椭圆抛物面　(D) 锥面

三. 计算题

1. 已知 $\boldsymbol{a}=2\boldsymbol{i}-3\boldsymbol{j}+\boldsymbol{k}$, $\boldsymbol{b}=\boldsymbol{i}-\boldsymbol{j}+3\boldsymbol{k}$ 和 $\boldsymbol{c}=\boldsymbol{i}-2\boldsymbol{j}$, 计算 $(\boldsymbol{a}+\boldsymbol{b})\times(\boldsymbol{b}+\boldsymbol{c})$.

2. 设 $|\boldsymbol{a}|=\sqrt{3}$, $|\boldsymbol{b}|=1$, $(\boldsymbol{a},\boldsymbol{b})=\frac{\pi}{6}$, 求以 $\boldsymbol{a}+2\boldsymbol{b}$ 与 $\boldsymbol{a}-3\boldsymbol{b}$ 为邻边的平行四边形的面积.

3. 设一平面垂直于平面 $z=0$, 并通过从点 $(1,-1,1)$ 到直线 $\begin{cases} x=0, \\ y-z+1=0 \end{cases}$ 的垂线, 试求这个平面方程.

4. 求两条直线 $\begin{cases} x=t+1, \\ y=2t-1, \\ z=t \end{cases}$ 和 $\begin{cases} x=t+2, \\ y=2t-1, \\ z=t+1 \end{cases}$ 之间的距离.

5. 求 λ 的值, 使直线 $\frac{x-1}{1}=\frac{y+1}{2}=\frac{z-1}{\lambda}$ 和直线 $\frac{x+1}{1}=\frac{y-1}{1}=\frac{z}{1}$ 相交.

6. 求过点 $(-1,0,4)$ 且平行于平面 $3x-4y+z-10=0$, 又与直线 $\frac{x+1}{1}=\frac{y-3}{1}=\frac{z}{2}$ 相交的直线方程.

7. 求经过平面 $x+28y-2z+17=0$ 和平面 $5x+8y-z+1=0$ 的交线, 同时切于球面 $x^2+y^2+z^2=1$ 的平面方程.

8. 求曲线 $\begin{cases} z=2-x^2-y^2, \\ z=(x-1)^2+(y-1)^2 \end{cases}$ 在三个坐标面上的投影曲线方程.

9. 求柱面 $z^2=2x$ 与锥面 $z=\sqrt{x^2+y^2}$ 所围立体在三个坐标面上的投影区域.

四. 综合题

1. 在边长为 1 的立方体中, 设 OM 为对角线, OA 为棱, 求 $\overrightarrow{OA}$ 在 $\overrightarrow{OM}$ 上的投影.

2. 设 $\boldsymbol{c}=|\boldsymbol{a}|\,\boldsymbol{b}+|\boldsymbol{b}|\,\boldsymbol{a}$, 且 $\boldsymbol{a}, \boldsymbol{b}, \boldsymbol{c}$ 都是非零向量, 证明: $\boldsymbol{c}$ 平分 $\boldsymbol{a}$ 与 $\boldsymbol{b}$ 的夹角.

3. 设一动点与两平面 $x+y-z-1=0$ 和 $x+y+z+1=0$ 的距离平方和为 1, 求其轨迹.

4. 求平行于平面 $2x+y+2z+5=0$ 且与三坐标平面所构成的四面体的体积为 1 的平面方程.

5. 试证直线 $\dfrac{x+3}{5}=\dfrac{y+1}{2}=\dfrac{z-2}{4}$ 和直线 $\dfrac{x-8}{3}=\dfrac{y-1}{1}=\dfrac{z-6}{2}$ 相交, 并写出由此两直线决定的平面方程.

6. 证明平面 $2x-12y-z+16=0$ 与双曲抛物面 $x^2-4y^2=2z$ 的交线是两条相交的直线, 并写出它们的标准方程.

第六章 多元函数微分学及其应用

6.1 预备知识

习题 6.1.1. 下列集合是开集还是闭集？求出它们的内部、边界和闭包.

1. $\{(x,y)\in \mathbf{R}^2|\ x^2+y^2>2\}$；

2. $\{(x,y)\in \mathbf{R}^2|\ x^2+y^2<1, y^2<x\}$；

3. $\{\boldsymbol{x}\in \mathbf{R}^2|\ \|\boldsymbol{x}\|=1\}$.

习题 6.1.2. 确定下列函数的定义域:

1. $z=\ln(1-x+y)+\sqrt{x+2y-1}$；

2. $u=\ln(-1-x^2+y^2+z^2)$;

3. $u=\arccos\dfrac{z}{\sqrt{x^2+y^2}}$.

习题 6.1.3. 已知 $f\left(x+y,\dfrac{y}{x}\right)=x^2-y^2$, 求 $f(x,y)$ 的表达式.

习题 6.1.4. 在半径为 1 的球内内接长、宽、高分别为 x,y,z 的长方体, 将此长方体的体积 V 表示为 x,y 的函数, 求 $V(x,y)$ 的表达式.

6.2 多元函数的极限与连续

习题 6.2.1. 用定义证明下列二重极限:

1. $\lim\limits_{(x,y)\to(0,0)} xy\sin\dfrac{x}{x^2+y^2}=0$;

2. $\lim\limits_{(x,y)\to(2,1)}(x^2+xy+y^2)=7$.

习题 6.2.2. 设 $x=\rho\cos\varphi, y=\rho\sin\varphi$, 问点 (x,y) 沿什么方向 φ 变化时, 下列极限有确定的值?

1. $\lim\limits_{\rho\to0^+}\mathrm{e}^{\frac{x}{x^2+y^2}}$;

2. $\lim\limits_{\rho\to+\infty}\mathrm{e}^{x^2-y^2}\sin(2xy)$.

习题 6.2.3. 设函数 $f(x,y)=\dfrac{x^4y^4}{(x^2+y^4)^3}$, 证明: 在定义域内 (x,y) 沿任何直线趋向于 $(0,0)$ 时, $f(x,y)$ 趋向于 0; 但是当 (x,y) 趋向于 $(0,0)$ 时, $f(x,y)$ 的极限不存在.

习题 6.2.4. 设 $\lim\limits_{M\to M_0} f(M)=0$, $g(M)$ 在 M_0 的某去心邻域内有界, 证明:

$$\lim_{M\to M_0} f(M)g(M)=0,$$

习题 6.2.5. 求下列极限:

1. $\lim\limits_{(x,y)\to(0,0)} \dfrac{x^2|y|^{\frac{3}{2}}}{x^4+y^2}$;

2. $\lim\limits_{(x,y)\to(0,0)} \dfrac{x^2+y^2}{\sqrt{x^2+y^2+1}-1}$;

3. $\lim\limits_{(x,y)\to(0,0)} \dfrac{x^2+y^2}{|x|+|y|}$;

4. $\lim\limits_{(x,y)\to(1,0)} \dfrac{\ln(x+\mathrm{e}^y)}{\sqrt{x^2+y^2}}$;

5. $\lim\limits_{(x,y)\to(0,0)} \dfrac{\sin(x^3+y^3)}{x^2+y^2}$;

6. $\lim\limits_{(x,y)\to(0,0)} xy\ln(x^2+y^2)$.

习题 6.2.6. 讨论下列函数的连续性：

1. $u=\dfrac{x+y+z}{xy-z}$;

2. $f(x,y)=\begin{cases} x\sin\dfrac{1}{y}, & y\neq 0, \\ 0, & y=0; \end{cases}$

3. $f(x,y)=\begin{cases} \dfrac{\sin(xy)}{x^2+y^2}, & x^2+y^2\neq 0, \\ 0, & x^2+y^2=0; \end{cases}$

4. $f(x,y)=\begin{cases}\dfrac{x}{y^2}\mathrm{e}^{-\frac{x^2}{y^2}}, & y\neq 0,\\ 0, & y=0.\end{cases}$

习题 6.2.7. 证明: 若在某区域 G 内, 函数 $f(x,y)$ 对变量 x 是连续的, 对变量 y 满足Lipschitz 条件, 即

$$|f(x,y')-f(x,y'')|\leqslant L|y'-y''|,\ \text{其中}(x,y')\in G,(x,y'')\in G,\ L\text{为一常数},$$

则函数 $f(x,y)$ 在区域 G 内是连续的.

6.3　多元数量值函数的偏导数与全微分

习题 6.3.1. 求下列函数的偏导数:

1. $z = x^2 \ln(x^2 + y^2)$;

2. $z = \arctan \dfrac{x+y}{1-xy}$;

3. $z = \mathrm{e}^{-\frac{x}{y}}$;

4. $z = \ln(x + \sqrt{x^2 + y^2})$;

5. $z = x\sqrt{y} + \dfrac{y}{\sqrt[3]{x}}$;

6. $u = x^{\frac{y}{z}}$;

7. $u = \mathrm{e}^{\varphi-\theta} \cos(\theta + \varphi)$.

习题 6.3.2. 求下列函数在指定点处的偏导数值:

1. $f(x,y)=\dfrac{x}{\sqrt{x^2+y^2}}$，求 $f_x(0,1)$, $f_y(0,1)$, $f_x(1,0)$, $f_y(1,0)$;

2. $f(x,y)=\mathrm{e}^{3x}\ln(2y)$, 求 $f_x(0,1)$, $f_y(0,\mathrm{e}^{-2})$;

3. $f(x,y)=x+y+(y-1)\arcsin\sqrt[3]{\dfrac{x}{y}}$, 在 $(0,1)$ 处.

习题 6.3.3. 利用偏导数的几何意义求曲面 $z=\dfrac{x^2+y^2}{4}$ 与平面 $y=4$ 的交线在 $x=2$ 处的切线与 x 轴的交角.

习题 6.3.4. 已知 $f(x,y)=\begin{cases} x\sin\dfrac{1}{x^2+y^2}, & x^2+y^2\neq 0, \\ 0, & x^2+y^2=0, \end{cases}$ 讨论 $f(x,y)$ 在点 $(0,0)$ 处的偏导数是否存在.

习题 6.3.5. 求下列函数指定的高阶偏导数:

1. $z=\cos^2(ax-by)$，求 $\dfrac{\partial^2 z}{\partial x^2}$, $\dfrac{\partial^2 z}{\partial x\partial y}$;

2. $z=x\ln\dfrac{y}{x}$，求 $\dfrac{\partial^3 z}{\partial x^2\partial y}$.

习题 6.3.6. 验证:

1. $y=\mathrm{e}^{-ka^2t}\sin ax$ 满足方程 $\dfrac{\partial y}{\partial t}=k\dfrac{\partial^2 y}{\partial x^2}$;

2. $u=\ln\sqrt{(x-a)^2+(y-b)^2}$ 满足方程 $\dfrac{\partial^2 u}{\partial x^2}+\dfrac{\partial^2 u}{\partial y^2}=0$;

3. $r=\sqrt{x^2+y^2+z^2}$ 满足方程 $\dfrac{\partial^2 r}{\partial x^2}+\dfrac{\partial^2 r}{\partial y^2}+\dfrac{\partial^2 r}{\partial z^2}=\dfrac{2}{r}$.

习题 6.3.7. 设函数 $f(x,y)=\begin{cases}\dfrac{x^3y-xy^3}{x^2+y^2}, & (x,y)\neq(0,0),\\ 0, & (x,y)=(0,0),\end{cases}$ 试求 $f_{xy}(0,0)$ 和 $f_{yx}(0,0)$.

习题 6.3.8. 求函数 $z=\dfrac{y}{x}$ 在点 $(2,1)$ 处当 $(\Delta x,\Delta y)=(0.1,-0.2)$ 时的全增量和全微分.

习题 6.3.9. 求下列函数的全微分:

1. $u=x^4+y^4-4x^2y^2$ 在 $(0,0)$ 和 $(1,1)$ 处;

2. $u=x_1^2+x_2^2+\cdots+x_n^2$ 在 $\left(\dfrac{1}{n},\dfrac{1}{n},\cdots,\dfrac{1}{n}\right)$ 处;

3. $u=x^y$;

4. $u=\ln(x^2+y^2+z^2)$.

习题 6.3.10. 已知 $f(x,y)=\sqrt{|xy|}$，试问 f 在点 $(0,0)$ 处连续吗？$f_x(0,0)$，$f_y(0,0)$ 存在吗？f 在点 $(0,0)$ 处可微吗？

习题 6.3.11. 证明：函数 $f(x,y)=\begin{cases} xy\sin\dfrac{1}{\sqrt{x^2+y^2}}, & (x,y)\neq(0,0), \\ 0, & (x,y)=(0,0) \end{cases}$ 在点 $(0,0)$ 可微.

习题 6.3.12. 设函数 $f(x,y)=|x-y|g(x,y)$，其中函数 $g(x,y)$ 在点 $(0,0)$ 处的某邻域内连续，试问 $g(0,0)$ 为何值时，f 在点 $(0,0)$ 处的两个偏导数均存在？$g(0,0)$ 为何值时，f 在点 $(0,0)$ 处可微？

6.4　多元数量值函数的微分法

习题 6.4.1. 求下列函数的全导数 $\dfrac{\mathrm{d}z}{\mathrm{d}t}$:

1. $z = \dfrac{y}{x}$, $x = \mathrm{e}^t$, $y = 1 - \mathrm{e}^{2t}$;

2. $z = \arctan(tx)$, $x = \mathrm{e}^t$;

3. $z = \tan(3t + 2x^2 - y^2)$, $x = \dfrac{1}{t}$, $y = \sqrt{t}$.

习题 6.4.2. 求下列函数的一阶偏导数 $\dfrac{\partial z}{\partial x}$, $\dfrac{\partial z}{\partial y}$:

1. $z = \arctan\dfrac{u}{v}$, $u = x + y$, $v = x - y$;

2. $z=f(x^2-2y^2)$，其中 f 可导；

3. $z=x^2f(\mathrm{e}^{xy},x^2-y^2)$，其中函数 $f(x,y)$ 可微．

习题 6.4.3. 求下列函数的二阶偏导数:

1. $u=f(x^2+y^2+z^2)$，其中 f 二阶可导;

2. $z=f\left(x,\dfrac{x}{y}\right)$，其中 f 具有二阶连续偏导数.

习题 6.4.4. 验证下列各式:

1. 若 $z = F\left(\dfrac{y}{x}\right)$, 且 F 可导, 则 $x\dfrac{\partial z}{\partial x} + y\dfrac{\partial z}{\partial y} = 0$;

2. 若 $z = \dfrac{y^2}{3x} + \varphi(xy)$, 且 φ 可导, 则 $x^2\dfrac{\partial z}{\partial x} - xy\dfrac{\partial z}{\partial y} + y^2 = 0$;

3. 若 $u = y\varphi(x^2 - y^2)$, 且 φ 可导, 则 $y\dfrac{\partial u}{\partial x} + x\dfrac{\partial u}{\partial y} = \dfrac{xu}{y}$;

4. 若 $u=xf(x+y)+yg(x+y)$，且 f,g 二阶可导，则 $\dfrac{\partial^2 u}{\partial x^2}-2\dfrac{\partial^2 u}{\partial x\partial y}+\dfrac{\partial^2 u}{\partial y^2}=0$.

习题 6.4.5. 设 $z(x,y)=\int_0^{x^2y} f(t,\mathrm{e}^t)\mathrm{d}t$，其中 f 具有一阶连续偏导数，求 $\dfrac{\partial z}{\partial x}$ 和 $\dfrac{\partial^2 z}{\partial x\partial y}$.

习题 6.4.6. 求由下列方程所确定的函数 $z=z(x,y)$ 的所有一阶偏导数：

1. $x+2y+z-2\sqrt{xyz}=a^3$ （a 为常数）；

2. $z^2y - xz^3 = 1$.

习题 6.4.7. 求由下列方程所确定的函数的全微分或偏导数:

1. $f(x+y, y+z, z+x) = 0$, 且 f 具有一阶连续偏导数, 求 $\mathrm{d}z$;

2. $F(x, x+y, x+y+z) = 0$, 且 F 有一阶连续偏导数, 求 $\dfrac{\partial z}{\partial x}$ 和 $\dfrac{\partial z}{\partial y}$;

3. $z=f(xy,z-y)$, 且 f 具有二阶连续偏导数, 求 $\mathrm{d}z$ 和 $\dfrac{\partial^2 z}{\partial x^2}$.

习题 6.4.8. 设由方程 $z=x+y\varphi(z)$ 确定函数 $z=z(x,y)$, 若 $1-y\varphi'(z)\neq 0$, 证明:

$$\frac{\partial z}{\partial y}=\varphi(z)\frac{\partial z}{\partial x}.$$

习题 6.4.9. 求由下列方程组所确定的函数的导数或偏导数:

1. $\begin{cases} x+y+z=0, \\ xyz=1, \end{cases}$ 求 $\dfrac{\mathrm{d}y}{\mathrm{d}x}$;

2. $\begin{cases} u = f(ux, v+y), \\ v = g(u-x, v^2 y), \end{cases}$ 求 $\dfrac{\partial u}{\partial x}$ 和 $\dfrac{\partial v}{\partial x}$;

3. $\begin{cases} x - u^2 - yv = 0, \\ y - v^2 - xu = 0, \end{cases}$ 求 $\dfrac{\partial u}{\partial x}, \dfrac{\partial v}{\partial x}, \dfrac{\partial u}{\partial y}, \dfrac{\partial v}{\partial y}$.

习题 6.4.10. 设函数 $u = u(x, y)$ 由方程组 $u = f(x, y, z, t)$, $g(y, z, t) = 0$, $h(z, t) = 0$ 所确定, 且 $\dfrac{\partial(g, h)}{\partial(z, t)} \neq 0$, 求 $\dfrac{\partial u}{\partial x}$ 和 $\dfrac{\partial u}{\partial y}$.

习题 6.4.11. 若函数 $f(x,y,z)$ 关于变量 t 满足条件 $f(tx,ty,tz)=t^n f(x,y,z)$, 则称 $f(x,y,z)$ 为 n 次齐次函数, 证明: 若 $f(x,y,z)$ 为 n 次齐次函数且 f 可微, 则 $xf_x+yf_y+zf_z=nf$.

习题 6.4.12. 对函数 $u=(x-2y+3z)^2$ 验证上题成立.

习题 6.4.13. 设 $ab\neq 0$, $f(x,y)$ 具有二阶连续偏导数, 且

$$a^2\frac{\partial^2 f}{\partial x^2}+b^2\frac{\partial^2 f}{\partial y^2}=0\,,\quad f(ax,bx)=ax\,,\quad f_x(ax,bx)=bx^2\,,$$

求 $f_{xx}(ax,bx), f_{xy}(ax,bx), f_{yy}(ax,bx)$.

6.5　方向导数与梯度

习题 6.5.1. 求下列函数在指定点处沿方向 $\boldsymbol{l}$ 的方向导数:

1. $z=x^2-y^2$, $M_0(1,1)$, $\boldsymbol{l}$ 与 x 轴正向夹角为 60°;

2. $f(x,y,z)=x^3y^2z$, $M_0(2,-1,2)$, $\boldsymbol{l}=2\boldsymbol{i}-\boldsymbol{j}-2\boldsymbol{k}$.

习题 6.5.2. 求函数 $u=\ln(x+\sqrt{y^2+z^2})$ 在点 $A(1,0,1)$ 处沿着 A 指向点 $B(3,-2,2)$ 方向的方向导数.

习题 6.5.3. 设函数 $z=\begin{cases}\dfrac{xy}{\sqrt{x^2+y^2}}, & x^2+y^2\neq 0,\\ 0, & x^2+y^2=0,\end{cases}$ 用定义讨论 z 在原点处沿方向 $\boldsymbol{l}$ 的方向导数.

习题 6.5.4. 求 $z=\ln(x+y)$ 在位于抛物线 $y^2=4x$ 上一点 $(1,2)$ 处沿这条抛物线在该点切线方向的方向导数.

习题 6.5.5. 已知 $\boldsymbol{a}=\boldsymbol{i}-\boldsymbol{j}, \boldsymbol{b}=3\boldsymbol{i}+3\boldsymbol{j}$, 若 $f(x,y)$ 可微, 且

$$\left.\frac{\partial f}{\partial \boldsymbol{a}}\right|_{(1,2)}=6\sqrt{2},\quad \left.\frac{\partial f}{\partial \boldsymbol{b}}\right|_{(1,2)}=-2\sqrt{2},$$

求 $f_x(1,2)$, $f_y(1,2)$.

习题 6.5.6. 求下列函数的梯度:

1. $u=\dfrac{xyz}{x+y+z}$;

2. $u=\ln(xy+y^2\mathrm{e}^z)$，在点 $M(1,1,0)$ 处.

习题 6.5.7. 求函数 $z=x^2-xy+y^2$ 在点 $(1,1)$ 沿与 x 轴正向成 α 角的射线 L 的方向导数, 并问沿何单位向量, 该方向导数取最大值？最小值？等于 0？

习题 6.5.8. 求在空间 $O-xyz$ 中的哪些点处, 函数 $u=x^3+y^3+z^3-3xyz$ 的梯度:

1. 垂直于 z 轴;
2. 平行于 z 轴;
3. 等于 $\mathbf{0}$.

习题 6.5.9. 设 $u=\ln\left(\dfrac{1}{r}\right)$, 其中 $r=\sqrt{(x-a)^2+(y-b)^2+(z-c)^2}$, 求 ∇u, 并指出在空间哪些点处 $\|\nabla u\|=1$ 成立.

习题 6.5.10. 设函数 $f(x,y)=x^2+2y^2$ 描述温度在 xOy 面上的分布(温度以 °C 计, 距离以 m 计).

1. 求在点 $(3,2)$ 沿与 x 轴正向成 $\dfrac{\pi}{6}$ 角方向的变化率.
2. 函数 $f(x,y)$ 在点 $(3,2)$ 沿什么方向的方向导数达到最大? 并求出最大值.

6.6 Taylor 公式与极值

习题 6.6.1. 求下列函数在指定点处的 Taylor 公式:

1. $f(x,y)=\mathrm{e}^{x+y}$ 在点 $(1,-1)$ 处的二阶带 Peano 型余项的 Taylor 公式;

2. $f(x,y)=2x^2-xy-y^2-6x-3y+5$ 在点 $(1,-2)$ 处的 Taylor 公式.

习题 6.6.2. 求下列函数的极值:

1. $z=xy(a-x-y)$, 其中 a 为常数;

2. $z=1-\sqrt{x^2+y^2}$;

3. $z=\mathrm{e}^{2x}(x+y^2+2y)$.

习题 6.6.3. 求由下列方程所确定的隐函数 $z=z(x,y)$ 的极值:

1. $x^2+y^2+z^2-2x+2y+4z-10=0$;

2. $x^2+y^2+z^2-xz-yz+2x+2y+2z-2=0$.

习题 6.6.4. 证明：函数 $z=(1+\mathrm{e}^y)\cos x-y\mathrm{e}^y$ 有无穷多个极大值点而无极小值点.

习题 6.6.5. 求下列函数在指定范围内的最大值与最小值:

1. $z=x^2-y^2$, $\{(x,y)|\ x^2+y^2\leqslant 4\}$;

2. $z=x^2-xy+y^2$, $\{(x,y)|\ |x|+|y|\leqslant 1\}$;

3. $u=x+y+z$, $\{(x,y,z)|\ x^2+y^2\leqslant z\leqslant 1\}$.

习题 6.6.6. 求抛物线 $y=x^2$ 与直线 $x-y-2=0$ 之间的最短距离.

习题 6.6.7. 求原点到曲线 $\begin{cases} x^2+y^2=z, \\ x+y+z=1 \end{cases}$ 的最长和最短距离.

习题 6.6.8. 在两个曲面 $x^2-xy+y^2-z^2=1$ 和 $x^2+y^2=1$ 的交线上求一点, 使它到原点的距离最短.

习题 6.6.9. 求函数 $f(x,y,z)=\ln x+\ln y+3\ln z$ 在球面 $x^2+y^2+z^2=5r^2$ $(r>0)$ 上的最大值, 并以此证明对任何正数 a,b,c, 有 $abc^3 \leqslant 27\left(\dfrac{a+b+c}{5}\right)^5$.

习题 6.6.10. 求曲线 $x^3+y^3-xy=1\,(x\geqslant 0, y\geqslant 0)$ 上点到原点的最长和最短距离.

习题 6.6.11. 求函数 $z=\sqrt{x^2+y^2+6x-2y+14}+\sqrt{x^2+y^2-2x+4y+6}$ 的最小值.

习题 6.6.12. 设有一座小山, 取它的底面所在的平面为 xOy 坐标面, 其底部所占的区域为 $D=\{(x,y)|x^2+y^2-xy\leqslant 75\}$, 小山的高度函数为 $h(x,y)=75-x^2-y^2+xy$.

1. 设 $M(x_0,y_0)$ 为区域 D 上的一个点, 问 $h(x,y)$ 在该点沿平面上什么方向的方向导数 $g(x,y)$ 最大？若记此方向导数的最大值为, $g(x_0,y_0)$, 试写出 $g(x_0,y_0)$ 的表达式.

2. 现欲利用此小山开展攀岩活动, 为此需要在山脚寻找一上山坡度最大的点作为攀登的起点, 试确定攀登的起点位置.

6.7　向量值函数

习题 6.7.1. 求下列函数的导数:

1. $\boldsymbol{f}(x,y)=(x\sin y,(x-y)^2,2y^2)^{\mathrm{T}}$, 求 $\mathrm{D}\boldsymbol{f}(x,y)$ 和 $\mathrm{D}\boldsymbol{f}(0,\dfrac{\pi}{4})$;

2. $\boldsymbol{f}(x,y,z)=(x^2+y,y\mathrm{e}^{x+z})^{\mathrm{T}}$, 求 $\mathrm{D}\boldsymbol{f}(x,y,z)$ 和 $\mathrm{D}\boldsymbol{f}(1,0,1)$.

6.8 多元函数微分学的几何应用

习题 6.8.1. 求下列曲线在指定点处的切线及法平面方程:

1. $x = t - \sin t,\ y = 1 - \cos t,\ z = 4\sin\dfrac{t}{2}$, 在 $t = \dfrac{\pi}{2}$ 对应的点处;

2. $y = x,\ z = x^2$, 在点 $(1, 1, 1)$ 处;

3. $\begin{cases} x^2 + y^2 = 1, \\ y^2 + z^2 = 1, \end{cases}$ 在点 $(1, 0, 1)$ 处.

习题 6.8.2. 设 a, b 为常数, 且 $a^2 + b^2 \neq 0$. 证明: 螺旋线 $x = a\cos t, y = a\sin t, z = bt$ 的切线与 z 轴形成定角.

习题 6.8.3. 求函数 $u = \dfrac{x}{\sqrt{x^2+y^2+z^2}}$ 在点 $(1,2,-2)$ 处沿曲线 $\begin{cases} x = t, \\ y = 2t^2, \\ z = -2t^4 \end{cases}$ 在该点处的与参数增大方向一致的切向量的方向导数.

习题 6.8.4. 求下列曲面在指定点处的切平面及法线方程:

1. $3x^2 + y^2 - z^2 = 27$, 在点 $(3,1,1)$ 处;

2. $z = \arctan\dfrac{y}{x}$, 在点 $\left(1, 1, \dfrac{\pi}{4}\right)$ 处;

3. $x = u\cos v,\ y = u\sin v,\ z = av$, 在点 (u_0, v_0) 处.

习题 6.8.5. 求曲面 $x^2 + 2y^2 + 3z^2 = 21$ 的平行于平面 $x + 4y + 6z = 0$ 的切平面.

习题 6.8.6. 求曲面 $x^2 + y^2 + z^2 = x$ 的切平面, 使其垂直于平面

$$x - y - \frac{1}{2}z = 2 \text{ 和 } x - y - z = 2.$$

习题 6.8.7. 求圆 $\begin{cases} x^2+y^2+z^2-3x=0, \\ 2x-3y+5z-4=0 \end{cases}$ 在点 $(1,1,1)$ 处的切线方程和法平面方程.

习题 6.8.8. 证明: 曲面 $xy=z^2$ 与 $x^2+y^2+z^2=9$ 正交(即交线上任一点处两曲面的法向量互相垂直).

习题 6.8.9. 证明: 曲面 $\sqrt{x}+\sqrt{y}+\sqrt{z}=\sqrt{a}$ 任何点处的切平面在各坐标轴上的截距之和等于 a $(a>0)$.

习题 6.8.10. 设 $F(u,v)$ 可微, 试证曲面 $F(cx-az,cy-bz)=0$ 上各点的法向量总垂直于常向量, 并指出此曲面的特征.

习题 6.8.11. 求曲线段 $\begin{cases} x^2=3y, \\ 2xy=9z \end{cases}$ 位于点 $(0,0,0)$ 与点 $(3,3,2)$ 之间的弧段的弧长.

习题 6.8.12. 求下列平面曲线在指定点处的曲率:

1. $y=4x-x^2$, 在其顶点处;

2. $y=\sin x$, 在点 $\left(\dfrac{\pi}{2},1\right)$ 处;

3. $\boldsymbol{r} = (a(t - \sin t), a(1 - \cos t))\ (a > 0)$，在 $t = t_0$ 处.

习题 6.8.13. 曲线 $y = \ln x$ 上哪一点处的曲率半径最小？求该点处的曲率半径.

习题 6.8.14. 求曲线 $y = \mathrm{e}^x$ 在点 $(0, 1)$ 处的曲率圆的方程.

习题 6.8.15. 求曲线 $\Gamma: \begin{cases} x^2+y^2+z^2=5, \\ x^2-z^2=3 \end{cases}$ 在点 $P(\sqrt{3},\sqrt{2},0)$ 处的曲率和挠率 .

习题 6.8.16. 设 a 和 b 都为常数且 $a>0$, 求螺旋线 $\boldsymbol{r}=\boldsymbol{r}(t)=\{a\cos t, a\sin t, bt\}$ 上任意一点处的曲率和 Frenet 标架 .

6.9　测试卷

一. 填空题

1. 函数 $u(x, y) = \dfrac{1}{\cos(x^2 + y^2)}$ 的不连续点集为____________;

2. 设 $f(x, y) = \begin{cases} \dfrac{x^3 + y}{x^2 + y^2}, & x^2 + y^2 \neq 0, \\ 0, & x^2 + y^2 = 0, \end{cases}$ 则 $f_x(0, 0) =$ __________;

3. 设 $z = x^2 y^3$, 则当 $x = 2$, $y = -1$, $\Delta x = 0.02$, $\Delta y = -0.01$ 时, 全微分 $\mathrm{d}z =$ __________;

4. 设 $u = x\mathrm{e}^{\cos\frac{y}{x}}$, 则 $\mathrm{d}u\Big|_{(1,\, \frac{\pi}{2})} =$ __________;

5. 由方程 $xyz + \sqrt{x^2 + y^2 + z^2} = \sqrt{2}$ 所确定的隐函数 $z = z(x, y)$ 在点 $(1, 0, -1)$ 处的全微分 $\mathrm{d}z =$ ____________;

6. 设 $z = z(x, y)$ 由方程 $\varphi(x - 2z, 3y + z) = 0$ 确定, 其中 φ 可微, 则 $\dfrac{\partial z}{\partial x} =$ __________;

7. 设 $z = z(x, y)$ 由方程 $\varphi(2z - 3y, 3x - 4z, 4y - 2x) = 0$ 确定, 其中 φ 具有连续偏导数, 则 $4\dfrac{\partial z}{\partial x} + 2\dfrac{\partial z}{\partial y} =$ __________;

8. 函数 $u = \ln(xy + y^2\mathrm{e}^z)$ 在点 $M(1,1,0)$ 处的梯度 $\mathbf{grad}u|_M =$ __________;

9. 函数 $u = xy^2z^2$ 在点 $(1, 1, 1)$ 处沿梯度方向的方向导数为__________;

10. 数量场 $u = x^2y + 2xy^2$ 在点 $(1, 1)$ 处沿方向 $\boldsymbol{l} =$ __________的方向导数取最大值;

11. 曲线 $\begin{cases} x = t, \\ y = -\dfrac{1}{2}(3t + 1), \\ z = t^2 \end{cases}$ 在 $t = 1$ 处的切线方程为____________;

12. 曲面 $z + 2xy - \mathrm{e}^z = 1$ 在点 $(1, 1, 0)$ 处的切平面方程为____________.

二. 选择题

1. 若函数 $f(x, y)$ 在点 (x_0, y_0) 处不连续, 则　　　　【　　】

   (A) $\lim\limits_{\substack{x\to x_0\\ y\to y_0}} f(x, y)$ 必不存在　　(B) $f(x_0, y_0)$ 必不存在

   (C) $f(x, y)$ 在点 (x_0, y_0) 处不可微　　(D) $f_x(x_0, y_0)$, $f_y(x_0, y_0)$ 必不存在

2. 二元函数 $f(x,\, y)$ 在点 $(x_0,\, y_0)$ 处的两个偏导数 $f_x(x_0,\, y_0)$, $f_y(x_0,\, y_0)$ 存在是 f 在该点可微的 【　】

(A) 必要而非充分条件　　(B) 充分而非必要条件

(C) 充分必要条件　　(D) 既非充分又非必要条件

3. 以下命题正确的是 【　】

(A) 若 $f_x(x_0,\, y_0)$, $f_y(x_0,\, y_0)$ 存在, 则 $f(x,\, y)$ 在点 $(x_0,\, y_0)$ 处可微

(B) 若 $f_x(x_0,\, y_0)$, $f_y(x_0,\, y_0)$ 存在, 并且 $f(x,\, y)$ 在点 $(x_0,\, y_0)$ 处连续, 则 $f(x,\, y)$ 在点 $(x_0,\, y_0)$ 处可微

(C) 若 $f(x,\, y)$ 在点 $(x_0,\, y_0)$ 处可微, 则 $f_x(x,\, y)$, $f_y(x,\, y)$ 在点 $(x_0,\, y_0)$ 处连续

(D) 若 $f(x,\, y)$ 在点 $(x_0,\, y_0)$ 处可微, 则 $f_x(x_0,\, y_0)$, $f_y(x_0,\, y_0)$ 存在, 并且 $f(x,y)$ 在点 (x_0,y_0) 处连续

4. 设函数 $f(x,\, y)=\begin{cases} \dfrac{x^2y^2}{x^4+y^4}, & x^2+y^2\neq 0, \\ 0, & x^2+y^2=0, \end{cases}$ 则 $f(x,\, y)$ 在点 $(0,\, 0)$ 处 【　】

(A) 连续　　(B) 两个偏导数均存在

(C) 可微　　(D) 沿任意方向的方向导数均存在

5. 设曲线 $\begin{cases} x^2+y^2=10, \\ y^2+z^2=25 \end{cases}$ 在点 $(1,3,4)$ 处的法平面为 S, 则原点到 S 的距离为 【　】

(A) 12　　(B) $\dfrac{1}{13}$　　(C) $\dfrac{12}{13}$　　(D) $\dfrac{12}{169}$

6. 曲面 $2xy+4z-\mathrm{e}^z=3$ 在点 $(1,2,0)$ 处的法线与直线 $\dfrac{x-1}{1}=\dfrac{y}{1}=\dfrac{z-2}{-2}$ 的夹角为 【　】

(A) $\dfrac{\pi}{4}$　　(B) $\dfrac{\pi}{3}$　　(C) $\dfrac{\pi}{2}$　　(D) 0

7. 如果函数 $f(x,y)$ 在点 $(0,0)$ 处连续, 则下面命题正确的是 【　】

(A) 极限 $\lim\limits_{(x,y)\to(0,0)}\dfrac{f(x,y)}{|x|+|y|}$ 存在　　(B) 极限 $\lim\limits_{(x,y)\to(0,0)}\dfrac{f(x,y)}{x^2+y^2}$ 存在

(C) 若极限 $\lim\limits_{(x,y)\to(0,0)}\dfrac{f(x,y)}{|x|+|y|}$ 存在, 则 $f(x,y)$ 在点 $(0,0)$ 处可微

(D) 若极限 $\lim\limits_{(x,y)\to(0,0)}\dfrac{f(x,y)}{x^2+y^2}$ 存在, 则 $f(x,y)$ 在点 $(0,0)$ 处可微

三. 计算题

1. 求极限 $\lim\limits_{(x,y)\to(0,0)} xy\dfrac{x^2-y^2}{x^2+y^2}$.

2. 已知 $u=f(x,y,z)$, $\varphi(x^2,\mathrm{e}^y,z)=0$, $y=\sin x$, 其中 f 和 φ 均为可微函数, 且 $\dfrac{\partial\varphi}{\partial z}\neq 0$, 求 $\dfrac{\mathrm{d}u}{\mathrm{d}x}$.

3. 设 $z=z(x,y)$ 是由方程 $F(xy,\ z-2x)=0$ 所确定的隐函数, 其中 F 具有连续偏导数, 计算 $x\dfrac{\partial z}{\partial x}-y\dfrac{\partial z}{\partial y}$.

4. 设 $z=f(x+\varphi(y))$，其中 f,φ 为二次可微函数, 求 $\dfrac{\partial^2 z}{\partial x^2}$, $\dfrac{\partial^2 z}{\partial y^2}$.

5. 设 $F(x,y)=\displaystyle\int_y^x \mathrm{e}^{-3t^2}\mathrm{d}t$, 求 $\dfrac{\partial^2 F}{\partial x^2}$, $\dfrac{\partial^2 F}{\partial x\partial y}$, $\dfrac{\partial^2 F}{\partial y^2}$.

6. 设 $f(x,y,z)=\dfrac{1}{x^2+y^2+z^2}$, 求函数 $f(x,y,z)$ 在点 $P(-1,0,2)$ 处的梯度, 以及在点 P 沿方向 $\boldsymbol{a}=\boldsymbol{i}-\boldsymbol{j}-\boldsymbol{k}$ 的方向导数.

7. 已知函数 $f(x,y)$ 满足 $\dfrac{\partial^2 f}{\partial x\partial y}=x+y$, 且 $f(x,0)=x^2$, $f(0,y)=y$, 求 $f(x,y)$.

四. 综合题

1. 证明：当 $\xi=\dfrac{y}{x},\eta=y$ 时，方程 $x^2\dfrac{\partial^2 u}{\partial x^2}+2xy\dfrac{\partial^2 u}{\partial x\partial y}+y^2\dfrac{\partial^2 u}{\partial y^2}=0$ 可以化为 $\dfrac{\partial^2 u}{\partial \eta^2}=0$.

2. 证明：函数 $z=x^n f\left(\dfrac{y}{x^2}\right)$ (f 可微) 满足微分方程 $x\dfrac{\partial z}{\partial x}+2y\dfrac{\partial z}{\partial y}=nz$.

3. 求函数 $f(x,y)=\dfrac{1}{\alpha}x^{\alpha}+\dfrac{1}{\beta}y^{\beta}$ 在约束条件 $xy=1$ 下的最小值, 并证明不等式

$$xy\leqslant\frac{1}{\alpha}x^{\alpha}+\frac{1}{\beta}y^{\beta},\quad 其中\ \frac{1}{\alpha}+\frac{1}{\beta}=1,\alpha>0,\beta>0,x\geqslant0,y\geqslant0.$$

4. 证明: 曲面 $xyz=a^3\,(a>0)$ 上任一点处的切平面与三个坐标面围成的四面体的体积为 $\dfrac{9}{2}a^3$.

5. 在椭球面 $4x^2+y^2+z^2=4$ 的位于第一卦限部分上求一点, 使得在此点的切平面与三个坐标面所围成的三棱锥的体积最小.

6. 将正数 a 分成三个正数 x, y, z 之和, 使得 $u = x^m y^n z^p$ 最大(m, n, p 为已知正数).

7. 设有一平面温度场 $T(x, y) = 100 - x^2 - 2y^2$, 场内一粒子从 $A(4, 2)$ 出发始终沿着温度上升最快的方向运动, 试建立粒子运动所满足的微分方程, 并求出粒子运动的轨迹方程.

8. 设 $f(u)$ 在 $(0, +\infty)$ 内具有二阶导数, 且 $z = f(\sqrt{x^2 + y^2})$ 满足等式 $\dfrac{\partial^2 z}{\partial x^2} + \dfrac{\partial^2 z}{\partial y^2} = 0$.

(1) 验证: $f''(u) + \dfrac{1}{u} f'(u) = 0$;

(2) 若 $f(1) = 0$, $f'(1) = 1$, 求函数 $f(u)$ 的表达式.

9. 设函数 $u = f(x, y)$ 在区域 $D = \{(x, y)|x^2 + y^2 < 1\}$ 内可微, 且满足方程

$$x\frac{\partial f}{\partial x} + y\frac{\partial f}{\partial y} = 0,$$

证明: $f(x, y)$ 在 D 内恒为常数.

10. 设 $w = f(u, v), u = g(x, y), v = h(x, y)$ 均有二阶连续偏导数, 且

$$\frac{\partial u}{\partial x} = \frac{\partial v}{\partial y},\quad \frac{\partial u}{\partial y} = -\frac{\partial v}{\partial x},$$

证明: $\dfrac{\partial^2 w}{\partial x^2} + \dfrac{\partial^2 w}{\partial y^2} = \left[\left(\dfrac{\partial u}{\partial x}\right)^2 + \left(\dfrac{\partial u}{\partial y}\right)^2\right]\left(\dfrac{\partial^2 w}{\partial u^2} + \dfrac{\partial^2 w}{\partial v^2}\right).$

第七章　多元函数积分学及其应用

7.1　多元数量值函数积分的概念与性质

习题 7.1.1. 利用积分的性质, 比较下列积分的大小:

1. $\iint\limits_D (x+y)^2 \mathrm{d}\sigma$ 与 $\iint\limits_D (x+y)^3 \mathrm{d}\sigma$.

(1) D 由直线 $x=0$, $y=0$ 及 $x+y=1$ 所围成的区域;

(2) D 由圆周 $(x-2)^2+(y-1)^2=2$ 所围成的区域.

2. $\iint\limits_\Sigma (x^2+y^2+z^2)\mathrm{d}S$ 与 $\iint\limits_\Sigma (x^4+y^4+z^4)\mathrm{d}S$, 其中 Σ 为单位球面 $x^2+y^2+z^2=1$.

习题 7.1.2. 利用重积分的性质估计下列积分的值:

1. $I=\iint\limits_D xy(x+y)\mathrm{d}\sigma$, 其中 $D=[0,1]\times[0,1]$;

2. $I=\iint\limits_{D}(x^2+4y^2+9)\mathrm{d}\sigma$, 其中 D 为圆环域 $1\leqslant x^2+y^2\leqslant 4$.

习题 7.1.3. 设 D 是平面有界闭区域, $f(x,y)$ 与 $g(x,y)$ 都在 D 上连续, 且 $g(x,y)$ 在 D 上不变号, 证明: 存在 $(\xi,\eta)\in D$, 使得

$$\iint\limits_{D} f(x,y)g(x,y)\mathrm{d}\sigma=f(\xi,\eta)\iint\limits_{D} g(x,y)\mathrm{d}\sigma.$$

习题 7.1.4. 设 $f(x,y,z)$ 连续, 求极限

$$\lim_{t\to 0^+}\frac{\iiint\limits_{\Omega_t} f(x,y,z)\mathrm{d}V}{t^3},$$

其中 $\Omega_t=\{(x,y,z)|(x-x_0)^2+(y-y_0)^2+(z-z_0)^2\leqslant t^2\}$.

7.2　二重积分的计算

习题 7.2.1. 将二重积分 $\iint\limits_{D} f(x,y)\,\mathrm{d}x\mathrm{d}y$ 分别化为先 x 后 y 与先 y 后 x 两种次序的二次积分, 其中积分区域 D 如下:

1. D 由 $y=x$, $y=3x$, $x=1$, $x=3$ 围成;

2. D 由 $y=x^2$, $y=4-x^2$ 围成;

3. D 由 $y=0$ 及 $y=\sin x$ $(0\leqslant x\leqslant \pi)$ 围成.

习题 7.2.2. 作出下列二次积分所对应的二重积分的积分区域, 并改变积分次序:

1. $\int_1^{\mathrm{e}} \mathrm{d}x \int_0^{\ln x} f(x, y)\,\mathrm{d}y$;

2. $\int_0^1 \mathrm{d}x \int_0^{x^2} f(x, y)\,\mathrm{d}y + \int_1^3 \mathrm{d}x \int_0^{\frac{3-x}{2}} f(x, y)\,\mathrm{d}y$;

3. $\int_{-1}^1 \mathrm{d}x \int_{-\sqrt{1-x^2}}^{1-x^2} f(x, y)\,\mathrm{d}y$;

4. $\int_0^1 \mathrm{d}x \int_0^{\sqrt{2x-x^2}} f(x, y)\,\mathrm{d}y + \int_1^2 \mathrm{d}x \int_0^{2-x} f(x, y)\,\mathrm{d}y$.

习题 7.2.3. 计算下列二重积分:

1. $\iint\limits_D xy\,\mathrm{d}x\,\mathrm{d}y$，其中 D 为 $y=x$ 与 $y=x^2$ 所围成的区域；

2. $\iint\limits_D \dfrac{x^2}{y^2}\,\mathrm{d}x\,\mathrm{d}y$，其中 D 为 $x=2, y=x$ 与 $xy=1$ 所围成的区域；

3. $\iint\limits_D \sqrt{|y-x^2|}\,\mathrm{d}x\,\mathrm{d}y$，其中 $D=\{(x,y)\,|\,|x|\leqslant 1, 0\leqslant y\leqslant 2\}$；

4. $\iint\limits_D \mathrm{e}^{-y^2}\,\mathrm{d}x\,\mathrm{d}y$，其中 D 是以 $(0,0),(1,1),(0,1)$ 为顶点的三角形区域.

习题 7.2.4. 将下列二次积分化为极坐标下的二次积分:

1. $\int_0^2 \mathrm{d}x \int_0^x f(\sqrt{x^2+y^2})\,\mathrm{d}y$;

2. $\int_0^1 \mathrm{d}x \int_{1-x}^{\sqrt{1-x^2}} f(x,y)\,\mathrm{d}y$.

习题 7.2.5. 利用极坐标计算下列二重积分:

1. $\iint\limits_D \ln(1+x^2+y^2)\,\mathrm{d}x\,\mathrm{d}y,\quad D=\{(x,y)\,|\,x^2+y^2\leqslant 1, x\geqslant 0, y\geqslant 0\}$;

2. $\iint\limits_D \sin\sqrt{x^2+y^2}\,\mathrm{d}x\,\mathrm{d}y,\quad D=\{(x,y)\,|\,\pi^2\leqslant x^2+y^2\leqslant 4\pi^2\}$;

3. $\iint\limits_{D}(x+y)^2\,\mathrm{d}x\,\mathrm{d}y$, $D=\{(x,y)\,|\,2x\leqslant x^2+y^2\leqslant 4x\}$;

4. $\iint\limits_{D}|x^2+y^2-4|\,\mathrm{d}x\,\mathrm{d}y$, $D=\{(x,y)\,|\,x^2+y^2\leqslant 9\}$.

习题 7.2.6. 计算下列累次积分:

1. $\int_0^1\mathrm{d}y\int_y^1\sin x^2\,\mathrm{d}x$;

2. $\int_\pi^{2\pi}\mathrm{d}y\int_{y-\pi}^{\pi}\frac{\sin x}{x}\,\mathrm{d}x$;

3. $\int_0^1 xf(x)\,\mathrm{d}x$, 其中 $f(x)=\int_{x^2}^1 \mathrm{e}^{-y^2}\,\mathrm{d}y$.

习题 7.2.7. 计算下列二重积分:

1. $\iint\limits_D (x^2-2y)\mathrm{d}\sigma,\ \ D=\{(x,y)\,|\,|x|+|y|\leqslant a,\ a>0\}$;

2. $\iint\limits_D x[1+yf(x^2+y^2)]\,\mathrm{d}\sigma$, 其中 f 是连续函数, D 由 $y=x^3, y=1$ 及 $x=-1$ 围成.

习题 7.2.8. 计算下列曲面所围立体的体积:

1. $z = 1 - 4x^2 - y^2,\ z = 0$;

2. $z = \sqrt{x^2 + y^2},\ z = 0,\ x^2 + y^2 = 1$;

3. $z = x^2 + y^2,\ x + y = 1,\ x = 0,\ y = 0,\ z = 0$.

习题 7.2.9. 求下列曲线所围图形的面积:

1. 心形线 $\rho = a(1 - \cos\varphi)\ \ (a > 0)$;

2. $(x^2 + y^2)^2 = a(x^3 - 3xy^2)\ \ (a > 0)$;

3. $(x^2 + y^2)^3 = a^2(x^4 + y^4)\ \ (a > 0)$.

习题 7.2.10. 设 $f(x)$ 连续, 证明:

1. $\int_0^a \mathrm{d}x \int_0^x f(y)\,\mathrm{d}y = \int_0^a (a - x)f(x)\,\mathrm{d}x$;

2. $\int_0^a \mathrm{d}x \int_0^x f(x)f(y)\,\mathrm{d}y = \frac{1}{2}\left(\int_0^a f(x)\,\mathrm{d}x\right)^2$.

习题 7.2.11. 设 $f(x)$ 连续，利用二重积分 $\iint\limits_{\substack{a\leqslant x\leqslant b\\ a\leqslant y\leqslant b}} (f(x)-f(y))^2\,\mathrm{d}x\mathrm{d}y \geqslant 0$，证明不等式

$$\int_a^b f^2(x)\,\mathrm{d}x \geqslant \frac{1}{b-a}\left(\int_a^b f(x)\,\mathrm{d}x\right)^2.$$

习题 7.2.12. 设 $f(x)$ 是 $[a,b]$ 上的正值连续函数，试利用二重积分证明：

$$\int_a^b f(x)\,\mathrm{d}x \cdot \int_a^b \frac{1}{f(x)}\,\mathrm{d}x \geqslant (b-a)^2.$$

习题 7.2.13. 选择适当的变量代换计算下列积分:

1. $\iint\limits_D y^2\,\mathrm{d}\sigma$, 其中 D 是由 $xy=a^2$, $xy=2a^2$, $y=x$, $y=2x$ 围成的在第一象限的部分;

2. $\int_0^1 \mathrm{d}y \int_y^{2-y} \dfrac{x+y}{x^2}\mathrm{e}^{x+y}\mathrm{d}x$.

习题 7.2.14. 选择适当的变量代换, 证明: $\iint\limits_{|x|+|y|\leqslant 1} f(x+y)\,\mathrm{d}\sigma = \int_{-1}^1 f(u)\mathrm{d}u$.

7.3 三重积分的计算

习题 7.3.1. 将三重积分 $\iiint\limits_{\Omega} f(x,y,z)\,\mathrm{d}x\,\mathrm{d}y\,\mathrm{d}z$ 化为直角坐标系中的三次积分, 其中积分区域 Ω 分别是:

1. 由坐标面 $x=0, y=0, z=0$ 及平面 $x+y+z=1$ 所围成的区域;

2. 由曲面 $z=\sqrt{2(x^2+y^2)}$ 及平面 $z=y+1$ 所围成的区域;

3. 由抛物面 $z=3x^2+y^2$ 及抛物柱面 $z=1-x^2$ 围成的区域;

4. 由曲面 $z=xy,\ x^2+y^2=1,\ z=0$ 所围成的位于第一卦限的区域.

习题 7.3.2. 计算下列三重积分:

1. $\iiint\limits_{\Omega} xy\,\mathrm{d}x\,\mathrm{d}y\,\mathrm{d}z$, 其中 $\Omega=\left\{(x,y,z)\middle|\,1\leqslant x\leqslant 2,-2\leqslant y\leqslant 1,0\leqslant z\leqslant \frac{1}{2}\right\}$;

2. $\iiint\limits_{\Omega} y\cos(x+z)\,\mathrm{d}x\,\mathrm{d}y\,\mathrm{d}z$, 其中 Ω 是抛物柱面 $y=\sqrt{x}$ 与平面 $y=0,z=0,x+z=\frac{\pi}{2}$ 所围成的区域;

3. $\iiint\limits_{\Omega} z^2\,\mathrm{d}x\,\mathrm{d}y\,\mathrm{d}z$, 其中 $\Omega=\{(x,y,z)|\,x^2+y^2+z^2\leqslant R^2,\ x^2+y^2+z^2\leqslant 2Rz,\ R>0\}$;

4. $\iiint\limits_{\Omega} \sin z\mathrm{d}V$, 其中 Ω 是由曲面 $z=\sqrt{x^2+y^2}$ 与平面 $z=\pi$ 所围成的区域.

习题 7.3.3. 计算下列三重积分:

1. $\iiint\limits_{\Omega} z\sqrt{x^2+y^2}\,\mathrm{d}x\,\mathrm{d}y\,\mathrm{d}z$, 其中 Ω 为柱面 $y=\sqrt{2x-x^2}$ 及平面 $z=0,\ z=a,\ y=0$ 所围成的区域 $(a>0)$;

2. $\iiint\limits_{\Omega}(x+y)\,\mathrm{d}x\,\mathrm{d}y\,\mathrm{d}z$, 其中 Ω 是介于两柱面 $x^2+y^2=1$ 和 $x^2+y^2=4$ 之间的被平面 $z=0$ 和 $z=x+2$ 所截下的部分;

3. $\iiint\limits_{\Omega} z\,\mathrm{d}x\,\mathrm{d}y\,\mathrm{d}z$, 其中 Ω 是半球面 $x^2+y^2+z^2=4\ (z\geqslant 0)$ 与抛物面 $z=\dfrac{1}{3}(x^2+y^2)$ 所围成的区域;

4. $\displaystyle\iiint\limits_{\Omega} \frac{\mathrm{d}V}{x^2+y^2+1}$, 其中 Ω 是由锥面 $z^2=x^2+y^2$ 与平面 $z=1$ 所围成的区域.

习题 7.3.4. 计算下列三重积分:

1. $\displaystyle\iiint\limits_{\Omega} \sqrt{x^2+y^2+z^2}\,\mathrm{d}V$, 其中 $\Omega=\{(x,y,z)|\,x^2+y^2+z^2\leqslant 2z\}$;

2. $\displaystyle\iiint\limits_{\Omega} z\mathrm{d}V$, 其中 Ω 是由 $x^2+y^2+(z-a)^2\leqslant a^2\ (a>0)$ 与 $x^2+y^2\leqslant z^2$ 所确定的区域.

习题 7.3.5. 选用适当的坐标系计算下列积分:

1. $\iiint\limits_{\Omega} xyz\,\mathrm{d}V$, 其中 $\Omega = \left\{(x,y,z)\middle|\,\dfrac{x^2}{a^2}+\dfrac{y^2}{b^2}+\dfrac{z^2}{c^2}\leqslant 1,\ x,y,z\geqslant 0\right\}$;

2. $\iiint\limits_{\Omega} (x+y+z)^2\,\mathrm{d}x\,\mathrm{d}y\,\mathrm{d}z$, 其中 $\Omega = \left\{(x,y,z)\middle|\dfrac{x^2}{a^2}+\dfrac{y^2}{b^2}+\dfrac{z^2}{c^2}\leqslant 1\right\}$;

3. $\iiint\limits_{\Omega} xyz(1-x-y-z)^2\mathrm{d}V$, 其中 Ω 是由坐标面 $x=0, y=0, z=0$ 与平面 $x+y+z=1$ 所围成的区域.

习题 7.3.6. 选用适当的坐标系计算下列三次积分:

1. $\int_{-1}^{1} \mathrm{d}x \int_{0}^{\sqrt{1-x^2}} \mathrm{d}y \int_{\sqrt{x^2+y^2}}^{1} z^3 \mathrm{d}z$;

2. $\int_{0}^{3} \mathrm{d}y \int_{0}^{\sqrt{9-y^2}} \mathrm{d}x \int_{\sqrt{x^2+y^2}}^{\sqrt{18-x^2-y^2}} (x^2+y^2+z^2) \mathrm{d}z$;

3. $\int_{-1}^{1} \mathrm{d}x \int_{0}^{\sqrt{1-x^2}} \mathrm{d}y \int_{1}^{1+\sqrt{1-x^2-y^2}} \dfrac{\mathrm{d}z}{\sqrt{x^2+y^2+z^2}}$.

习题 7.3.7. 将积分 $I = \int_{0}^{1} \mathrm{d}y \int_{-\sqrt{y-y^2}}^{\sqrt{y-y^2}} \mathrm{d}x \int_{0}^{\sqrt{3(x^2+y^2)}} f(\sqrt{x^2+y^2+z^2}) \mathrm{d}z$ 分别化为柱面坐标系和球面坐标系中的三次积分.

习题 7.3.8. 利用三重积分计算立体的体积:

1. 由抛物柱面 $z = 4 - x^2$ 、坐标面和平面 $2x + y = 4$ 围成的立体在第一卦限的部分;

2. $\Omega = \{(x, y, z) |\ 4 \leqslant x^2 + y^2 + z^2 \leqslant 9,\ z^2 \leqslant x^2 + y^2\}$;

3. $\Omega = \{(x, y, z) |\ x^2 + y^2 + z^2 \leqslant 1,\ 0 \leqslant y \leqslant ax,\ a > 0\}$;

4. $\Omega = \{(x, y, z) |\ x^2 + z^2 \leqslant 1,\ |x| + |y| \leqslant 1\}$.

习题 7.3.9. 已知 $F(t)=\iiint\limits_{\Omega} f(x^2+y^2+z^2)\,\mathrm{d}x\,\mathrm{d}y\,\mathrm{d}z$，其中 f 是连续函数，Ω 是立体区域 $x^2+y^2+z^2 \leqslant t^2\ (t>0)$，求 $F'(t)$.

习题 7.3.10. 设 f 连续，$F(t)=\iiint\limits_{\Omega} \left(z^2+f(x^2+y^2)\right)\mathrm{d}V$，其中 $\Omega=\{(x,y,z)|\,0\leqslant z\leqslant h,$ $x^2+y^2\leqslant t^2\,(t>0)\}$，求 $F'(t)$ 和 $\lim\limits_{t\to 0^+}\dfrac{F(t)}{t^2}$.

习题 7.3.11. 证明：抛物面 $z=x^2+y^2+1$ 上任意点处的切平面与 $z=x^2+y^2$ 所围成的立体的体积是一定值.

7.4　含参变量的积分与反常重积分

习题 7.4.1. 求下列函数的导数:

1. $F(y)=\int_{1+y}^{2+y}\frac{\sin xy}{x}\mathrm{d}x$;

2. $F(x)=\int_{0}^{x}(x+y)f(y)\mathrm{d}y$, 其中 f 为可微函数, 求 $F''(x)$.

习题 7.4.2. 计算积分 $\int_{0}^{1}\frac{\ln(1+x)}{1+x^2}\mathrm{d}x$.

习题 7.4.3. 计算积分 $\int_0^{+\infty} \frac{e^{-ax} - e^{-bx}}{x} dx \ (a > 0, b > 0)$.

习题 7.4.4. 计算下列反常重积分:

1. $\iint\limits_D \ln \frac{1}{\sqrt{x^2 + y^2}} dxdy, \quad D = \{(x, y) | x^2 + y^2 \leqslant 1\}$;

2. $\int_{-\infty}^{+\infty} \int_{-\infty}^{+\infty} e^{-(x^2+y^2)} \cos(x^2 + y^2) dxdy$.

7.5 第一型曲线积分与第一型曲面积分

习题 7.5.1. 计算下列第一型曲线积分:

1. $\int_l y\,\mathrm{d}s$, 其中 l 为抛物线 $y^2=4x$ 在点 $O(0,0)$ 和点 $A(1,2)$ 间的弧段;

2. $\oint_l \sqrt{x^2+y^2}\,\mathrm{d}s$, 其中 l 为圆周 $x^2+y^2=ax\ (a>0)$;

3. $\oint_l |y|\,\mathrm{d}s$, 其中 l 为球面 $x^2+y^2+z^2=a^2\ (a>0)$ 与平面 $x=y$ 的交线;

4. $\oint_l (x+y)\mathrm{e}^{x^2+y^2}\mathrm{d}s$, 其中 l 为圆弧 $y=\sqrt{a^2-x^2}$ 与直线 $y=x$, $y=-x$ 所围成的扇形区域的整个边界;

5. $\oint_l \frac{\partial f}{\partial \boldsymbol{n}}\mathrm{d}s$, 其中 l 为椭圆周 $2x^2+y^2=1$, $\boldsymbol{n}$ 为 l 的外法线向量, $f(x,y)=(x-2)^2+y^2$.

习题 7.5.2. 若 $f(x,y)$ 在曲线 l 上非负连续, 试说明 $\int_l f(x,y)\,\mathrm{d}s$ 的几何意义, 并计算柱面 $x^2+y^2=2x$ 被锥面 $2z=\sqrt{x^2+y^2}$ 和 xOy 面所截部分的面积.

习题 7.5.3. 求下列曲面的面积:

1. 锥面 $z=\sqrt{x^2+y^2}$ 被柱面 $z^2=2x$ 所截得的部分;

2. 曲面 $x^2+y^2+z^2=a^2$ 夹在两平面 $z=\dfrac{a}{4}$ 和 $z=\dfrac{a}{2}$ 之间的部分;

3. 平面 $3x+2y+z=1$ 被椭圆柱面 $2x^2+y^2=1$ 截下的部分;

4. 半球面 $z=\sqrt{a^2-x^2-y^2}$ 含在圆柱面 $x^2+y^2=ax\ (a>0)$ 内部的部分.

习题 7.5.4. 计算 $\iint\limits_{\Sigma}(x^2+y^2)\,\mathrm{d}S$, 其中 Σ 为:

1. 柱面 $x^2+y^2=9$ 及平面 $z=0,\ z=3$ 所围成的区域的整个边界曲面;

2. 锥面 $z=\sqrt{x^2+y^2}$ 及 $z=1$ 所围立体的全表面.

习题 7.5.5. 计算下列第一型曲面积分:

1. $\iint\limits_{\Sigma}(xy+yz+zx)\,\mathrm{d}S$, 其中 Σ 为锥面 $z=\sqrt{x^2+y^2}$ 被柱面 $x^2+y^2=2ax\ (a>0)$ 所截得的部分;

2. $\iint\limits_{\Sigma}(ax^2+by^2+cz^2)\,\mathrm{d}S$, 其中 Σ 为球面 $x^2+y^2+z^2=1$;

3. $\iint\limits_{\Sigma}\dfrac{1}{x^2+y^2+z^2}\,\mathrm{d}S$, 其中 Σ 是介于平面 $z=0$ 和 $z=H$ 之间的圆柱面 $x^2+y^2=R^2$;

4. $\iint\limits_{\Sigma}(x^2+y^2+z^2)\,\mathrm{d}S$, 其中$\Sigma$为两圆柱面$x^2+y^2=a^2$及$x^2+z^2=a^2$位于第一卦限的那部分与三个坐标面所围成的区域的整个边界曲面;

5. $F(t)=\iint\limits_{x+y+z=t} f(x,y,z)\,\mathrm{d}S$，其中 $f(x,y,z)=\begin{cases} \mathrm{e}^{x+y+z}, & 当x^2+y^2+z^2\leqslant 1, \\ 0, & 其它. \end{cases}$

习题 7.5.6. 设半径为R的球的球心在半径为a的定球面上, 试证: 当前者夹在定球内部的表面积S为最大时, $R=\dfrac{4}{3}a$.

7.6　数量值函数积分的应用

习题 7.6.1. 求下列物体的质量:

1. 由 $y=0, y=x, x=1$ 所围成的三角形薄板, 其密度函数为 $\mu=x^2+y^2$;

2. 中心在原点, 半径为 a 的球体, 密度函数为 $\mu=\mathrm{e}^{-\left(\frac{x^2+y^2+z^2}{a^2}\right)^{3/2}}$.

习题 7.6.2. 求半圆形铁丝 $\begin{cases} x=a\cos t, \\ y=a\sin t \end{cases}$ $(0 \leqslant t \leqslant \pi)$ 的质量, 其上每一点的线密度等于该点的纵坐标 (其中 $a>0$).

习题 7.6.3. 设圆盘 $x^2+y^2\leqslant 2x$ 内各点处的面密度与该点到坐标原点的距离成正比，求该圆盘的质心坐标.

习题 7.6.4. 求由下列曲线围成的均匀薄板的质心坐标:

1. $y=\sqrt{2x},\ x=a,\ y=0\ \ (a>0)$;

2. $\rho^2=2\cos 2\varphi$ 位于右半平面的一支;

3. $x=a(t-\sin t),\ y=a(1-\cos t)\ (0\leqslant t\leqslant 2\pi,\ a>0)$ 与 x 轴.

习题 7.6.5. 求下列均匀物体的质心坐标:

1. 均匀球顶锥体: $x^2+y^2+z^2\leqslant a^2,\ z\geqslant\cot\alpha\cdot\sqrt{x^2+y^2}\ \left(a>0,\ 0<\alpha<\dfrac{\pi}{2}\right)$;

2. 由 $z=\dfrac{1}{2}(x^2+y^2),\ z=x^2+y^2,\ |x|+|y|=1$ 围成的立体.

习题 7.6.6. 求下列均匀曲线弧的质心:

1. 半径为 a, 中心角为 2α 的圆弧;

2. 心形线 $\rho = a(1+\cos\varphi)$, $0 \leqslant \varphi \leqslant 2\pi$ $(a>0)$.

习题 7.6.7. 求均匀曲面 $z=\sqrt{x^2+y^2}$ 被圆柱面 $x^2+y^2=ax$ $(a>0)$ 所割下部分的质心坐标.

习题 7.6.8. 求下列均匀物体(设密度 $\mu=1$)对指定轴的转动惯量:

1. 由 $y^2=ax$ 及直线 $x=a\ (a>0)$ 所围成的平面图形对直线 $y=-a$ 的转动惯量;

2. 由 $x^2+y^2+z^2\leqslant 3a^2,\ 2az\geqslant x^2+y^2\ (a>0)$ 围成的立体对 z 轴的转动惯量;

3. 半径为 a, 高为 h 的圆柱体对过中心且分别平行于母线及垂直于母线的直线的转动惯量.

习题 7.6.9. 求半径为 R 的均匀球体(密度为 $\mu=1$)对于它的切线的转动惯量.

习题 7.6.10. 设螺旋形弹簧一圈的方程为 $x=a\cos t,\ y=a\sin t,\ z=kt\ (0\leqslant t\leqslant 2\pi)$, 它的线密度为 $\rho(x,y,z)=x^2+y^2+z^2$, 求它关于 z 轴的转动惯量.

习题 7.6.11. 求密度为 ρ_0 的均匀半球壳 $x^2+y^2+z^2=a^2\,(z\geqslant 0)$ 对于 z 轴的转动惯量.

习题 7.6.12. 在原点放一质量为 m 的质点, 求圆柱体 $x^2+y^2 \leqslant R^2$ $(0 \leqslant z \leqslant h)$ 对该质点的引力(设密度为 μ).

习题 7.6.13. 有一密度均匀的半球面, 半径为 R, 面密度为 μ, 求它对球心处质量为 m 的质点的引力.

习题 7.6.14. 设 B 是曲线 AB 上任一点, 求曲线 AB 的方程, 使图形 $OABC$ (如下图) 绕 x 轴旋转所成的旋转体的质心横坐标等于点 B 的横坐标的 $\frac{4}{5}$.

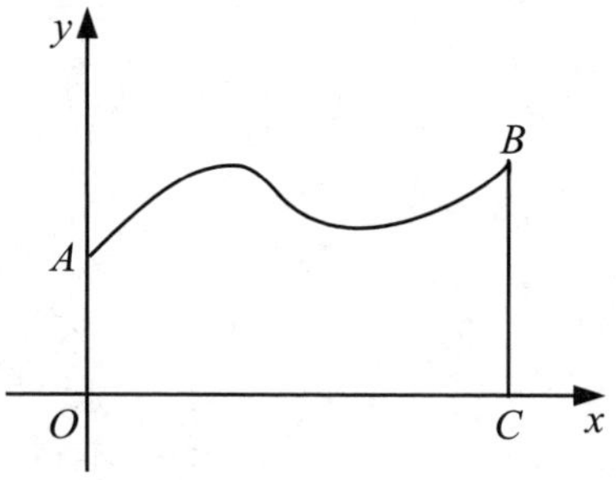

7.7　第二型曲线积分与 Green 公式

习题 7.7.1. 计算下列第二型曲线积分:

1. $\int_l (2a-y)\,\mathrm{d}x-(a-y)\,\mathrm{d}y$, 其中 l 为摆线 $\begin{cases} x=a(t-\sin t), \\ y=a(1-\cos t) \end{cases}$ 从原点起的一拱 $(a>0)$.

2. $\int_l xy\,\mathrm{d}x+(y-x)\,\mathrm{d}y$, 其中 l 如下:

(1) 抛物线 $y=x^2$ 从 $O(0,0)$ 到 $B(1,1)$ 的一段;

(2) 抛物线 $y^2=x$ 从 $O(0,0)$ 到 $B(1,1)$ 的一段;

(3) 有向折线 OAB, 其中 O,A,B 三点的坐标依次为 $O(0,0),A(1,0),B(1,1)$.

3. $\int_l \frac{\mathrm{d}x+\mathrm{d}y}{|x|+|y|}$, 其中 l 为从点 $A(1,0)$ 出发, 经过点 $B(0,1),D(-1,0),E(0,-1)$ 回到点 A 的正方形路线.

4. $\int_l (x^2 - yz)\,\mathrm{d}x + (y^2 - zx)\,\mathrm{d}y + (z^2 - xy)\,\mathrm{d}z$，其中 l 为螺线 $x = \cos t, y = \sin t, z = t$ 由点 $A(1,0,0)$ 到点 $B(1,0,2\pi)$ 的一段．

5. $\int_l (y - z)\,\mathrm{d}x + (z - x)\,\mathrm{d}y + (x - y)\,\mathrm{d}z$，其中 l 为曲线 $\begin{cases} x^2 + y^2 = 1, \\ x + y + z = 0, \end{cases}$ 从 z 轴正向向原点看去为逆时针方向．

6. $\int_l (y^2 - z^2)\,\mathrm{d}x + (z^2 - x^2)\,\mathrm{d}y + (x^2 - y^2)\,\mathrm{d}z$，其中 l 为球面 $x^2 + y^2 + z^2 = 1$ 第一卦限部分的边界曲线由点 A 经 B, C 两点再回到点 A的路径，其中点 A, B, C 的坐标分别为 $(1,0,0)$，$(0,1,0)$，$(0,0,1)$．

习题 7.7.2. 设有一平面力场 $\boldsymbol{F}$，$\boldsymbol{F}$ 在任一点的大小等于该点横坐标的平方，方向与 y 轴正方向相反，求一质量为 m 的质点沿抛物线 $1-x=y^2$ 从点 $(1,0)$ 移动到点 $(0,1)$ 时力场所做的功.

习题 7.7.3. 设空间力场 $\boldsymbol{F}=(y,\,-x,\,x+y+z)$，求质点由点 $A(a,0,0)$ 沿直线 $l: x=a$, $y=0, z=ht$ $(0\leqslant t\leqslant 1)$ 移动到点 $B(a,0,h)$ 时力 $\boldsymbol{F}$ 所做的功.

习题 7.7.4. 已知一质点在力场 $\boldsymbol{F}=(yz,\,zx,\,xy)$ 的作用下，由原点 O 沿直线运动到椭球面 $\dfrac{x^2}{a^2}+\dfrac{y^2}{b^2}+\dfrac{z^2}{c^2}=1$ 上第一卦限的点 $M(\xi,\eta,\varsigma)$ 处，问当 ξ,η,ς 取何值时，力场 $\boldsymbol{F}$ 所作的功 W 最大？最大值为多少？

习题 7.7.5. 应用格林公式计算下列曲线积分:

1. $\oint_l (x+y)^2\,\mathrm{d}x+(x^2-y^2)\,\mathrm{d}y$, 其中 l 是沿顶点 $A(1,1),B(3,2),C(3,5)$ 的 ΔABC 边界正向一圈的路径;

2. $\int_l (\mathrm{e}^x\sin y-my)\,\mathrm{d}x+(\mathrm{e}^x\cos y-m)\,\mathrm{d}y$, 其中 l 为由点 $O(0,0)$ 至 $A(a,0)$ 的上半圆周 $x^2+y^2=ax\ (y\geqslant 0,\ a>0)$;

3. $\int_{\widehat{AmB}} (f(y)\cos x-\pi y)\,\mathrm{d}x+(f'(y)\sin x-\pi)\,\mathrm{d}y$, 其中 $A(\pi,2),B(3\pi,4)$, 函数 $f(y)$ 具有一阶连续导数, $\widehat{AmB}$ 为在线段 $\overline{AB}$ 下方连接 A,B 两点的任意光滑曲线, 且它与 $\overline{AB}$ 围成的图形的面积为 2.

习题 7.7.6. 利用曲线积分计算星形线 $\begin{cases} x = a\cos^3 t, \\ y = a\sin^3 t \end{cases}$ 所围图形的面积.

习题 7.7.7. 应用格林公式计算 $\iint\limits_D \mathrm{e}^{-y^2}\,\mathrm{d}x\mathrm{d}y$，其中 D 为以 $A(0,0)$, $B(1,1)$, $C(0,1)$ 为顶点的三角形区域.

习题 7.7.8. 证明：$\oint_l f(xy)(y\mathrm{d}x + x\mathrm{d}y) = 0$, 其中 $f(u)$ 具有连续导数.

习题 7.7.9. 验证下列各式为某一函数的全微分, 并求其原函数:

1. $4(x^2 - y^2)(x\mathrm{d}x - y\mathrm{d}y)$;

2. $\dfrac{x\mathrm{d}x+y\mathrm{d}y}{x^2+y^2}$ (在右半平面内).

习题 7.7.10. 证明下列曲线积分与路径无关, 并计算其值:

1. $\displaystyle\int_{(0,1)}^{(2,3)}(x+y)\,\mathrm{d}x+(x-y)\,\mathrm{d}y$;

2. $\displaystyle\int_{(1,\pi)}^{(2,\pi)}\left(1-\frac{y^2}{x^2}\cos\frac{y}{x}\right)\mathrm{d}x+\left(\sin\frac{y}{x}+\frac{y}{x}\cos\frac{y}{x}\right)\mathrm{d}y$ (在上半平面内).

习题 7.7.11. 计算下列曲线积分:

1. $\displaystyle\int_l\frac{x\mathrm{d}x+y\mathrm{d}y}{\sqrt{x^2+y^2}}$, 其中 l 为右半平面内从点 $(1,0)$ 到点 $(6,8)$ 的不经过坐标原点的有向曲线;

2. $\int_l \frac{1+y^2 f(xy)}{y}\,\mathrm{d}x + \frac{x}{y^2}\left(y^2 f(xy)-1\right)\mathrm{d}y$，其中 l 为从点 $A\left(3,\frac{2}{3}\right)$ 到点 $B(1,2)$ 的直线段，$f(u)$ 为连续可微函数；

3. $\oint_l \frac{-y\mathrm{d}x + x\mathrm{d}y}{4x^2+y^2}$，其中 l 是圆周 $(x-1)^2+y^2=R^2\,(R>0$ 且 $R\neq 1)$，取逆时针方向.

习题 7.7.12. 设函数 $f(x)$ 具有一阶连续导数，且 $f(0)=-\frac{1}{2}$，求 $f(x)$ 的表达式，使得曲线积分 $\int_{P_1}^{P_2} (\mathrm{e}^x + f(x))\,y\mathrm{d}x - f(x)\,\mathrm{d}y$ 与路径无关，并求 P_1, P_2 分别为点 $(0,0),(1,1)$ 时此曲线积分的值.

习题 7.7.13. 设曲线积分 $\int_l (f'(x)+2f(x)+\mathrm{e}^x)\,y\,\mathrm{d}x + f'(x)\,\mathrm{d}y$ 与路径无关，且 $f(0)=0$, $f'(0)=1$, $f''(x)$ 连续，计算 $\int_{(0,0)}^{(1,1)} (f'(x)+2f(x)+\mathrm{e}^x)\,y\,\mathrm{d}x + f'(x)\,\mathrm{d}y$.

习题 7.7.14. 验证方程 $(4y+y^2\cos x)\,\mathrm{d}x + (4x+2y\sin x)\,\mathrm{d}y = 0$ 是全微分方程，并求其通解.

习题 7.7.15. 设 $u(x,y), v(x,y)$ 在区域 $D=\{(x,y)|\, x^2+y^2 \leqslant 1\}$ 上有一阶连续偏导数，若

$$\boldsymbol{F}(x,y)=(v(x,y),\, u(x,y)), \quad \boldsymbol{G}(x,y)=\left(\frac{\partial u}{\partial x}-\frac{\partial u}{\partial y},\ \frac{\partial v}{\partial x}-\frac{\partial v}{\partial y}\right),$$

又已知在圆周 $x^2+y^2=1$ 上 $u(x,y)=1$, $v(x,y)=y$，求 $\iint\limits_D \boldsymbol{F}\cdot\boldsymbol{G}\,\mathrm{d}x\mathrm{d}y$.

7.8　第二型曲面积分

习题 7.8.1. 将第二型曲面积分 $\iint\limits_{\Sigma} P(x,y,z)\mathrm{d}y\wedge\mathrm{d}z+Q(x,y,z)\mathrm{d}z\wedge\mathrm{d}x+R(x,y,z)\mathrm{d}x\wedge\mathrm{d}y$ 化为第一型曲面积分, 其中Σ为:

1. 平面 $3x+2y+2\sqrt{3}z=6$ 在第一卦限部分的上侧;

2. 抛物面 $z=8-(x^2+y^2)$ 在 xOy 面上方部分的下侧.

习题 7.8.2. 设 $\boldsymbol{F}=(y,\,-x,\,z^2)$, Σ是锥面 $z=\sqrt{x^2+y^2}$ 上满足 $0\leqslant x\leqslant 1$ 且 $0\leqslant y\leqslant 1$ 部分的下侧, 求 $\iint\limits_{\Sigma}\boldsymbol{F}\cdot\overrightarrow{\mathrm{d}S}$.

习题 7.8.3. 计算下列第二型曲面积分:

1. $\iint\limits_{\Sigma} x^2y^2z\,\mathrm{d}x\wedge\mathrm{d}y$, 其中 Σ 为球面 $x^2+y^2+z^2=R^2$ $(R>0)$ 的下半部的下侧;

2. $\iint\limits_{\Sigma}(x^2+y^2)\mathrm{d}y\wedge\mathrm{d}z$, 其中 Σ 为锥面 $x=\sqrt{z^2-y^2}$, yOz 坐标面及平面 $z=1$ 所围成的闭曲面的外侧;

3. $\iint\limits_{\Sigma} z\,\mathrm{d}x\wedge\mathrm{d}y$, 其中 Σ 为椭球面 $\dfrac{x^2}{a^2}+\dfrac{y^2}{b^2}+\dfrac{z^2}{c^2}=1$ $(a,b,c>0)$ 的外侧;

4. $\iint\limits_{\Sigma}\dfrac{x\mathrm{d}y\wedge\mathrm{d}z+z^2\mathrm{d}x\wedge\mathrm{d}y}{x^2+y^2+z^2}$, 其中 Σ 是由圆柱面 $x^2+y^2=R^2$ 及平面 $z=R,z=-R$ 所围成的立体表面的外侧 $(R>0)$;

5. $\iint\limits_{\Sigma}(2f(x,y,z)+x)\mathrm{d}y\wedge\mathrm{d}z+(f(x,y,z)+y)\mathrm{d}z\wedge\mathrm{d}x+(3f(x,y,z)+z)\mathrm{d}x\wedge\mathrm{d}y$, 其中函数 $f(x,y,z)$ 连续, Σ 为平面 $x+y-z+5=0$ 在第三卦限部分, 取上侧.

习题 7.8.4. 求流速为 $\boldsymbol{v}=(0,\,0,\,x+y+z)$ 的稳定流体流过曲面 $z=x^2+y^2\ (0\leqslant z\leqslant h)$ 的流量，其中曲面的法向量与 z 轴正向的夹角是钝角.

习题 7.8.5. 设 $P(x,y,z)$, $Q(x,y,z)$, $R(x,y,z)$ 是连续函数，Σ 是一块光滑曲面，其面积为 S，而 $\sqrt{P^2+Q^2+R^2}$ 在曲面 Σ 上的最大值为 M，证明:

$$\left|\iint\limits_{\Sigma} P\mathrm{d}y\wedge\mathrm{d}z+Q\mathrm{d}z\wedge\mathrm{d}x+R\mathrm{d}x\wedge\mathrm{d}y\right|\leqslant MS.$$

7.9　Gauss 公式与 Stokes 公式

习题 7.9.1. 用高斯公式计算下列曲面积分:

1. $\iint\limits_{\Sigma} xz^2\,\mathrm{d}y\wedge\mathrm{d}z+(x^2y-z)\,\mathrm{d}z\wedge\mathrm{d}x+(2xy+y^2z)\,\mathrm{d}x\wedge\mathrm{d}y$, 其中 Σ 是上半球面 $z=\sqrt{a^2-x^2-y^2}$ 和平面 $z=0$ 所围立体表面的外侧;

2. $\iint\limits_{\Sigma} x^3\,\mathrm{d}y\wedge\mathrm{d}z+x^2y\,\mathrm{d}z\wedge\mathrm{d}x+x^2z\,\mathrm{d}x\wedge\mathrm{d}y$, 其中 Σ 为柱面 $x^2+y^2=a^2$ 在 $0\leqslant z\leqslant h$ 一段的外侧;

3. $\iint\limits_{\Sigma}(x^2\cos\alpha+y^2\cos\beta+z^2\cos\gamma)\,\mathrm{d}S$，其中 Σ 为由曲线弧段 $\begin{cases} x=0, \\ z=y^2 \end{cases}$ $(1\leqslant z\leqslant 4)$ 绕 z 轴旋转所成的旋转曲面，$\cos\alpha,\cos\beta,\cos\gamma$ 为 Σ 的内法线向量的方向余弦；

4. $\iint\limits_{\Sigma} 4xz\mathrm{d}y\wedge\mathrm{d}z-2yz\mathrm{d}z\wedge\mathrm{d}x+(1-z^2)\mathrm{d}x\wedge\mathrm{d}y$，其中 Σ 是 yOz 平面上的曲线

$$z=\mathrm{e}^y \quad (0\leqslant y\leqslant a)$$

绕 z 轴旋转所成的旋转曲面的下侧.

习题 7.9.2. 设区域 Ω 由光滑封闭曲面 Σ 围成, 且 Ω 不包含原点, 证明

$$\iiint\limits_{\Omega} \frac{1}{r}\mathrm{d}V = \frac{1}{2}\iint\limits_{\Sigma} \cos(\boldsymbol{r},\boldsymbol{n})\mathrm{d}S,$$

其中 $\boldsymbol{n}$ 为曲面 Σ 的单位外法向量, $\boldsymbol{r} = \{x, y, z\}$, $r = \sqrt{x^2+y^2+z^2}$.

习题 7.9.3. 用 Stokes 公式计算下列曲线积分:

1. $\int_l (y-z)\,\mathrm{d}x + (z-x)\,\mathrm{d}y + (x-y)\,\mathrm{d}z$, 其中 l 为椭圆 $\begin{cases} x^2+y^2=a^2, \\ \dfrac{x}{a}+\dfrac{z}{b}=1 \end{cases}$ $(a>0, b>0)$, 若从原点 O 向 x 轴正向看去时, 此椭圆取逆时针方向;

2. $\int_l (y^2+z^2)\,\mathrm{d}x+(z^2+x^2)\,\mathrm{d}y+(x^2+y^2)\,\mathrm{d}z$, 其中 l 是上半球面 $x^2+y^2+z^2=R^2\ (z\geqslant 0)$ 与圆柱面 $x^2+y^2=Rx\ (R>0)$ 的交线, 从原点向 z 轴正向看去取顺时针方向.

习题 7.9.4. 求 $\int_l (x^2-yz)\,\mathrm{d}x+(y^2-xz)\,\mathrm{d}y+(z^2-xy)\,\mathrm{d}z$, 其中 l 是从点 $A(a,0,0)$ 至点 $B(a,0,h)$ 的螺线 $x=a\cos\varphi,\ y=a\sin\varphi,\ z=\dfrac{h}{2\pi}\varphi$.

7.10　场论初步

习题 7.10.1. 求数量场 $u = \dfrac{x^2+y^2}{z}$ 经过点 $M(1,1,2)$ 的等值面.

习题 7.10.2. 求向量场 $\boldsymbol{r} = \{x,\, y,\, z\}$ 由里向外穿过圆柱体 $x^2+y^2 \leqslant a^2\ (0 \leqslant z \leqslant h)$ 侧面的通量.

习题 7.10.3. 求向量场 $\boldsymbol{A} = \{x^3,\, y^3,\, z^3\}$ 在点 $M(1,0,-1)$ 处的散度.

习题 7.10.4. 证明: $\mathrm{div}(u\boldsymbol{A}) = u\mathrm{div}\boldsymbol{A} + \boldsymbol{A}\cdot\mathbf{grad}\,u$, 其中 u 是可微的数量值函数.

习题 7.10.5. 设在原点 $O(0,0,0)$ 处有一点电荷 q，它在空间任一点 $P(x,y,z)$ 处产生的电场强度为 $\boldsymbol{E}=\dfrac{q}{r^3}\boldsymbol{r}\ (\boldsymbol{r}\neq\boldsymbol{0})$，其中 $\boldsymbol{r}=x\boldsymbol{i}+y\boldsymbol{j}+z\boldsymbol{k}$，$r=|\boldsymbol{r}|$. 证明:

1. 若光滑闭曲线 Σ 所围成的区域内不包含原点 O，则电通量 $\Phi=\iint\limits_{\Sigma_{外}}\boldsymbol{E}\cdot\boldsymbol{n}\mathrm{d}S=0$，其中 $\boldsymbol{n}$ 为曲面的单位法向量；

2. 若曲面 Σ 是球面 $x^2+y^2+z^2=R^2$ 的外侧, 则电通量 $\Phi=4\pi q$；

3. 若光滑闭曲面 Σ 所围成的区域内包含原点 O, 则电通量 $\Phi=4\pi q$，其中 Σ 取外侧.

习题 7.10.6. 设向量场 $\boldsymbol{A}=\{-y,\,x,\,c\}$ (c为常数)，求沿圆周 $\begin{cases}(x-2)^2+y^2=1,\\ z=0\end{cases}$ 逆时针方向的环量.

习题 7.10.7. 求向量场 $\boldsymbol{A}=xyz(\boldsymbol{i}+\boldsymbol{j}+\boldsymbol{k})$ 在点 $M(1,3,2)$ 处沿方向 $\boldsymbol{n}=\{1,2,2\}$ 的环量面密度.

习题 7.10.8. 求向量场 $\boldsymbol{A}=\{x^2,\,xyz,\,yz^2\}$ 的旋度.

习题 7.10.9. 证明下列向量场是有势场, 并求其势函数:

1. $\boldsymbol{A} = \{yz(2x + y + z),\, xz(x + 2y + z),\, xy(x + y + 2z)\}$;

2. $\boldsymbol{F} = k\dfrac{m_1 m_2}{r^3}\boldsymbol{r}$, 其中 $\boldsymbol{r} = \{x_0 - x,\, y_0 - y,\, z_0 - z\}$, $r = |\boldsymbol{r}|$.

习题 7.10.10. 确定常数 a, b 的值, 使得向量场 $\boldsymbol{A} = \{x^2 - ayz,\, y^2 - 2xz,\, z^2 - bxy\}$ 为有势场, 并求其势函数.

7.11　测试卷

一. 填空题

1. 设 D 是由 $x+y=1$, $x-y=1$, $x=0$ 所围成的区域, 则 $\iint\limits_D \sin^3 y\mathrm{d}x\mathrm{d}y=$ ________;

2. 交换积分次序 $\int_0^1\mathrm{d}x\int_0^{x^2}f(x,\ y)\mathrm{d}y+\int_1^3\mathrm{d}x\int_0^{\frac{1}{2}(3-x)}f(x,\ y)\mathrm{d}y=$ ________________;

3. 曲线积分 $\oint_C\dfrac{x}{x^2+y^2}\mathrm{d}s$ 的值为________, 其中 $C:x^2+y^2=4$;

4. 设椭圆 $C:3x^2+2y^2=6$ 的周长为 l, 则曲线积分 $\oint_C\left(\dfrac{x^2}{4}+\dfrac{y^2}{6}-5x\right)\mathrm{d}s$ 的值为 ______;

5. 设曲线 $C:\begin{cases}x^2+y^2+z^2=5\\ z=1,\end{cases}$ 则曲线积分 $\oint_C\dfrac{\mathrm{d}s}{x^2+y^2+z^2}$ 的值为________;

6. 设 $\Sigma:x^2+y^2+z^2=4$, 则曲面积分 $\oiint\limits_{\Sigma}(x^2+y^2)\mathrm{d}S=$ ________;

7. 设 L 为取正向的圆周 $x^2+y^2=9$, 则曲线积分 $\oint_L(2xy-2y)\mathrm{d}x+(x^2-4x)\mathrm{d}y=$ ______;

8. 曲线积分 $\int_C-y\mathrm{d}x+(x+1)^2\mathrm{d}y=$ ______, 其中 C 是由点 $A(1,\ 0)$ 经曲线 $y=\sqrt{1-x^2}$ 到点 $B(-1,\ 0)$ 的路径;

9. 若 S 是给定的光滑闭曲面, $\boldsymbol{n}$ 为 S 的单位外法向量, $\boldsymbol{l}$ 为任意给定的常向量, 则曲面积分 $\oiint\limits_S\cos(\boldsymbol{n},\ \boldsymbol{l})\mathrm{d}S=$ ________;

10. 设 $u=xy^2+z^2-xyz$, 则 $\mathrm{div}(\mathbf{grad}u)=$ ____________;

11. 若 $\boldsymbol{A}=(y^2+z^2)\boldsymbol{i}+(z^2+x^2)\boldsymbol{j}+(x^2+y^2)\boldsymbol{k}$, 则 $\mathbf{rot}\boldsymbol{A}=$ ________;

12. 当常数 $\alpha=$ ______时, 向量场 $\boldsymbol{A}=(2x^2+6xy)\boldsymbol{i}+(\alpha x^2-y^2)\boldsymbol{j}+3z^2\boldsymbol{k}$ 为有势场, 其势函数为 ____________.

二. 选择题

1. 设函数 $f(x,y)$ 为连续函数, 则 $\int_{-1}^1\mathrm{d}x\int_0^1 yf(x^2,y^2)\mathrm{d}y=$ 【　】

(A) $2\int_0^1\mathrm{d}x\int_0^1 yf(x^2,y^2)\mathrm{d}y$　　(B) $4\int_0^1\mathrm{d}x\int_0^x yf(x^2,y^2)\mathrm{d}y$

(C) $2\int_0^1\mathrm{d}x\int_{-y}^y yf(x^2,y^2)\mathrm{d}x$　　(D) 0

2. 设空间区域 $\Omega_1: x^2+y^2+z^2 \leqslant R^2, z \geqslant 0$, $\Omega_2: x^2+y^2+z^2 \leqslant R^2, x \geqslant 0, y \geqslant 0, z \geqslant 0$, 则有 【 】

(A) $\iiint\limits_{\Omega_1} x\mathrm{d}V = 4\iiint\limits_{\Omega_2} x\mathrm{d}V$　　(B) $\iiint\limits_{\Omega_1} y\mathrm{d}V = 4\iiint\limits_{\Omega_2} y\mathrm{d}V$

(C) $\iiint\limits_{\Omega_1} z\mathrm{d}V = 4\iiint\limits_{\Omega_2} z\mathrm{d}V$　　(D) $\iiint\limits_{\Omega_1} xyz\mathrm{d}V = 4\iiint\limits_{\Omega_2} xyz\mathrm{d}V$

3. 设 Ω 是由曲面 $z=x^2+y^2$, $y=x$, $y=0$, $z=1$ 在第一卦限所围成的闭区域, 函数 $f(x, y, z)$ 在 Ω 上连续, 则 $\iiint\limits_{\Omega} f(x, y, z)\mathrm{d}x\mathrm{d}y\mathrm{d}z=$ 【 】

(A) $\int_0^1 \mathrm{d}y \int_y^{\sqrt{1-y^2}} \mathrm{d}x \int_{x^2+y^2}^1 f(x, y, z)\mathrm{d}z$

(B) $\int_0^{\frac{\sqrt{2}}{2}} \mathrm{d}x \int_y^{\sqrt{1-y^2}} \mathrm{d}y \int_{x^2+y^2}^1 f(x, y, z)\mathrm{d}z$

(C) $\int_0^{\frac{\sqrt{2}}{2}} \mathrm{d}y \int_y^{\sqrt{1-y^2}} \mathrm{d}x \int_{x^2+y^2}^1 f(x, y, z)\mathrm{d}z$

(D) $\int_0^{\frac{\sqrt{2}}{2}} \mathrm{d}x \int_y^{\sqrt{1-y^2}} \mathrm{d}y \int_0^1 f(x, y, z)\mathrm{d}z$

4. 设在上半平面上, 曲线积分 $\int_L \dfrac{(x-y)\mathrm{d}x+(x+y)\mathrm{d}y}{(x^2+y^2)^n}$ 与路径无关, 则 $n=$ 【 】

(A) -1　　(B) 1　　(C) $\dfrac{1}{2}$　　(D) 2

5. 已知 $\dfrac{(x+\alpha y)\mathrm{d}x+y\mathrm{d}y}{(x+y)^2}$ 为某函数的全微分, 则 $\alpha=$ 【 】

(A) -1　　(B) 0　　(C) 1　　(D) 2

6. 设 Σ 为上半球面 $z=\sqrt{4-x^2-y^2}$, 则曲面积分 $\iint\limits_{\Sigma} \dfrac{\mathrm{d}S}{1+\sqrt{x^2+y^2+z^2}}$ 的值为【 】

(A) 4π　　(B) $\dfrac{16}{5}\pi$　　(C) $\dfrac{16}{3}\pi$　　(D) $\dfrac{8}{3}\pi$

7. 球体 $x^2+y^2+z^2 \leqslant 4a^2$ 与柱体 $x^2+y^2 \leqslant 2ax\ (a>0)$ 的公共部分的体积为 【 】

(A) $4\int_0^{\frac{\pi}{2}} \mathrm{d}\varphi \int_0^{2a\cos\varphi} \sqrt{4a^2-\rho^2}\mathrm{d}\rho$　　(B) $8\int_0^{\frac{\pi}{2}} \mathrm{d}\varphi \int_0^{2a\cos\varphi} \sqrt{4a^2-\rho^2}\mathrm{d}\rho$

(C) $4\int_0^{\frac{\pi}{2}} \mathrm{d}\varphi \int_0^{2a\cos\varphi} \sqrt{4a^2-\rho^2}\rho\mathrm{d}\rho$　　(D) $\int_{-\frac{\pi}{2}}^{\frac{\pi}{2}} \mathrm{d}\varphi \int_0^{2a\cos\varphi} \sqrt{4a^2-\rho^2}\rho\mathrm{d}\rho$

三. 计算题

1. 计算二重积分 $\iint\limits_D \sqrt{4x^2-y^2}\,\mathrm{d}\sigma$, 其中 D 是由直线 $y=0, x=1$ 及 $y=x$ 所围成的区域.

2. 计算二重积分 $\iint\limits_D x\sin\dfrac{y}{x}\,\mathrm{d}\sigma$, 其中 D 为 $y=0, y=x, x=1$ 所围成的区域.

3. 计算 $\iiint\limits_\Omega (x^2+y^2)\,\mathrm{d}V$, 其中 Ω 是由 $\begin{cases} y^2=2z, \\ x=0 \end{cases}$ 绕 z 轴旋转一周所成曲面与平面 $z=2$ 和 $z=8$ 所围成的区域.

4. 由螺线 $\rho=2\theta$ 和射线 $\theta=\dfrac{\pi}{2}$ 所围成的平面薄片, 其面密度为 $\mu=x^2+y^2$, 求它的质量.

5. 计算曲面积分 $\displaystyle\iint_{\Sigma}(x^2+y^2)\,\mathrm{d}S$, 其中 Σ 为上半球面 $z=\sqrt{4-x^2-y^2}$.

6. 设 $f(x,y,z)=\begin{cases} x^2+y^2, & z\geqslant\sqrt{x^2+y^2}, \\ 0, & z<\sqrt{x^2+y^2}, \end{cases}$ 求 $\displaystyle\iint_{x^2+y^2+z^2=t^2} f(x,y,z)\,\mathrm{d}S$ (t 为常数).

7. 已知半径为 a 的某物质球面上每一点的面密度等于该点到球的某一定直径的距离的平方, 求其质量.

8. 计算曲线积分 $\int_l \frac{(3y-x)\mathrm{d}x+(y-3x)\mathrm{d}y}{(x+y)^3}$, 其中 l 为由点 $A\left(\frac{\pi}{2},0\right)$ 沿曲线 $y=\frac{\pi}{2}\cos x$ 到点 $B\left(0,\frac{\pi}{2}\right)$ 的弧段.

9. 计算曲线积分 $\int_l (x^2+y^2)\,\mathrm{d}s$, 其中 l 为曲线 $\begin{cases} x=a\cos^2 t, \\ y=a\sin t\cos t \end{cases}$ $\left(0\leqslant t\leqslant \frac{\pi}{2},\ a>0\right)$.

10. 计算 $\iint\limits_{\Sigma} xy\sqrt{1-x^2}\mathrm{d}y\wedge\mathrm{d}z+\mathrm{e}^x\sin y\mathrm{d}x\wedge\mathrm{d}y$, 其中 Σ 为曲面 $x^2+z^2=1\ (0\leqslant y\leqslant 2)$ 的外侧.

11. 计算 $\iint\limits_{\Sigma} \dfrac{2\mathrm{d}y\wedge\mathrm{d}z}{x\cos^2 x}+\dfrac{\mathrm{d}z\wedge\mathrm{d}x}{\cos^2 y}-\dfrac{\mathrm{d}x\wedge\mathrm{d}y}{z\cos^2 z}$, 其中 Σ 为球面 $x^2+y^2+z^2=1$ 的外侧.

12. 计算第二型曲线积分 $I=\oint_l (y^2-z^2)\mathrm{d}x+(2z^2-x^2)\mathrm{d}y+(3x^2-y^2)\mathrm{d}z$, 其中 l 是平面 $x+y+z=2$ 与柱面 $|x|+|y|=1$ 的交线, 从 z 轴正向看去, l 为逆时针方向.

四. 综合题

1. 若一颗地球同步轨道通信卫星位于离地面 36000 km 的高空, 地球半径 $R=6400$ km, 试计算通信卫星覆盖地球表面的表面积与地球表面积的比值, 并由此说明使用三颗通信卫星就可以覆盖几乎全部地球表面.

2. 设 $f(x)$ 在 $[0,1]$ 上连续, 证明: $\int_0^1 \mathrm{e}^{f(x)}\,\mathrm{d}x \int_0^1 \mathrm{e}^{-f(y)}\,\mathrm{d}y \geqslant 1$.

3. 已知 $f(x), g(x)$ 在 $[a,b]$ 上连续, 证明:

$$\left(\int_a^b f(x)g(x)\,\mathrm{d}x\right)^2 \leqslant \int_a^b f^2(x)\,\mathrm{d}x \cdot \int_a^b g^2(x)\,\mathrm{d}x.$$

4. 求曲面 $z\cdot[\varphi(x)+\varphi(y)]=a\varphi(x)+b\varphi(y)$, $x^2+y^2=c^2$ 与 $z=0$ 所围成的有界区域的体积, 其中 $\varphi(x)$ 为正值连续函数, 常数 $a,b,c>0$.

5. 设 Ω_n 是球域 $x^2+y^2+z^2\leqslant n^2\ (n\in\mathbf{N}_+)$, 证明:

$$\lim_{n\to\infty}\frac{1}{n^4}\iiint\limits_{\Omega_n}[\sqrt{x^2+y^2+z^2}]\,\mathrm{d}x\,\mathrm{d}y\,\mathrm{d}z=\pi,$$

其中 $[\sqrt{x^2+y^2+z^2}]$ 为 $\sqrt{x^2+y^2+z^2}$ 的整数部分.

6. 设位于点 $(0,1)$ 的质点 A 对质点 M 的引力大小为 $\dfrac{k}{r^2}$ ($k>0$ 为常数, r 为质点 A 与 M 之间的距离), 若质点 M 沿曲线 $y=\sqrt{2x-x^2}$ 自点 $(2,0)$ 运动到点 $(0,0)$, 求在此运动过程中质点 A 对质点 M 的引力所做的功.

7. 已知曲线积分 $\displaystyle\int_l \frac{1}{y^2+\varphi(x)}(x\mathrm{d}y-y\mathrm{d}x)=A$ (A 为常数), 其中 $\varphi(x)$ 具有一阶连续导数, 且 $\varphi(1)=1$, l 为绕原点 $(0,0)$ 一周的任意正向逐段光滑闭曲线, 试求 $\varphi(x)$, 并求 A 的值.

8. 已知曲面积分 $\int_l 2xy\mathrm{d}x + Q(x,y)\mathrm{d}y$ 与路径无关, 其中函数 $Q(x,y)$ 在 xOy 平面上具有一阶连续偏导数, 且对任意的 t 都有

$$\int_{(0,0)}^{(t,1)} 2xy\mathrm{d}x + Q(x,y)\mathrm{d}y = \int_{(0,0)}^{(1,t)} 2xy\mathrm{d}x + Q(x,y)\mathrm{d}y,$$

试求 $Q(x,y)$.

9. 设函数 $f(x,y)$ 满足 $\dfrac{\partial f(x,y)}{\partial x} = (2x+1)\mathrm{e}^{2x-y}$, 且 $f(0,y) = y+1$, l_t 是从点 $(0,0)$ 到点 $(1,t)$ 的光滑曲线, 计算曲线积分 $I(t) = \displaystyle\int_{l_t} \frac{\partial f(x,y)}{\partial x}\mathrm{d}x + \frac{\partial f(x,y)}{\partial y}\mathrm{d}y$, 并求 $I(t)$ 的最小值.

10. 设 $f(x)$ 为正值连续函数, 证明不等式

$$\oint_l \frac{-y}{f(x)}\mathrm{d}x + xf(y)\mathrm{d}y \geqslant 2\pi a^2,$$

其中 l 是圆周 $(x-a)^2+(y-a)^2=a^2\ (a>0)$, 取逆时针方向.

11. 设对于半空间 $x>0$ 内任意的光滑有向封闭曲面 Σ, 都有

$$\iint\limits_{\Sigma} xf(x)\mathrm{d}y\wedge\mathrm{d}z - xyf(x)\mathrm{d}z\wedge\mathrm{d}x - z\mathrm{e}^{2x}\mathrm{d}x\wedge\mathrm{d}y = 0,$$

其中函数 $f(x)$ 在 $(0,+\infty)$ 上连续可微, 且 $\lim\limits_{x\to 0^+} f(x)=1$, 试求 $f(x)$.

第八章　无穷级数

8.1　数项级数

习题 8.1.1. 已知级数 $\sum_{n=1}^{\infty} a_n$ 的部分和 S_n 如下, 试写出该级数并求和:

1. $S_n = \dfrac{n+3}{2n+1}$;

2. $S_n = \dfrac{5^n - 3^n}{5^n - 3 \times 5^{n-1}}$.

习题 8.1.2. 利用级数收敛的定义判别下列级数的敛散性, 并对收敛级数求和:

1. $\sum_{n=1}^{\infty} (-1)^n \dfrac{\mathrm{e}^n}{3^n}$;

2. $\sum_{n=1}^{\infty} \ln \dfrac{n+1}{n}$;

3. $\sum_{n=1}^{\infty} \left(\sqrt{n+2} - 2\sqrt{n+1} + \sqrt{n}\right)$;

4. $\sum_{n=1}^{\infty} \dfrac{1}{n(n+1)(n+2)}$.

习题 8.1.3. 已知 $\sum\limits_{n=1}^{\infty}(-1)^{n-1}a_n=2$, $\sum\limits_{n=1}^{\infty}a_{2n-1}=5$, 求 $\sum\limits_{n=1}^{\infty}a_n$ 的和.

习题 8.1.4. 利用级数性质判别下列级数的敛散性:

1. $\sum\limits_{n=1}^{\infty}\left(1+\left(\dfrac{1}{2}\right)^n\right)$;

2. $\sum\limits_{n=1}^{\infty}\left(\dfrac{n-1}{n}\right)^n$;

3. $\sum\limits_{n=1}^{\infty}\dfrac{\sqrt[n]{n}}{\left(1+\dfrac{1}{n}\right)^n}$;

4. $\sum\limits_{n=1}^{\infty}n^2\left(1-\cos\dfrac{x}{n}\right)$ $(x\in\mathbf{R})$.

习题 8.1.5. 试用柯西收敛原理证明: 若级数 $\sum\limits_{n=1}^{\infty}a_n$ 收敛, 则 $\lim\limits_{n\to\infty}a_n=0$.

习题 8.1.6. 利用柯西收敛准则判别下列级数的敛散性:

1. $\sum_{n=1}^{\infty} \frac{1}{2n-1}$;

2. $\sum_{n=1}^{\infty} \frac{\cos nx}{2^n}$.

习题 8.1.7. 设 $\lim_{n\to\infty} nu_n = 0$, 且级数 $\sum_{n=2}^{\infty} n(u_n - u_{n-1})$ 收敛, 证明: 级数 $\sum_{n=1}^{\infty} u_n$ 收敛.

习题 8.1.8. 判别下列正项级数的敛散性:

1. $\sum_{n=1}^{\infty} \frac{1}{\sqrt[3]{n^2+1}}$;

2. $\sum_{n=2}^{\infty} \frac{\sqrt{n+2}-\sqrt{n-2}}{n^{\alpha}}$ $(\alpha \in \mathbf{R})$;

3. $\sum_{n=2}^{\infty} \frac{1}{\sqrt{\ln n}}$;

4. $\sum_{n=1}^{\infty} \frac{\sqrt{n}}{n^2-\ln n}$;

5. $\sum_{n=1}^{\infty} \frac{2^n \cdot n!}{n^n}$;

6. $\sum_{n=1}^{\infty} \frac{x^n}{n^p}$ $(x>0, p>0)$;

7. $\sum_{n=1}^{\infty} n \tan \frac{\pi}{2^{n+1}}$;

8. $\sum_{n=1}^{\infty} \left(\frac{1}{n} - \ln \frac{n+1}{n}\right)$;

9. $\sum_{n=1}^{\infty} n \left(1 - \cos \frac{\pi}{n^{\alpha}}\right)\ (\alpha > 0)$;

10. $\sum_{n=1}^{\infty} \frac{n^3[\sqrt{2} + (-1)^n]^n}{3^n}$;

11. $\sum_{n=1}^{\infty} \left(\frac{1+n^2}{1+n^3}\right)^n$;

12. $\sum_{n=1}^{\infty} \left(2n \tan \frac{1}{n}\right)^{\frac{n}{3}}$;

13. $\sum_{n=1}^{\infty} \frac{1}{3^n} \left(\frac{n+1}{n}\right)^{n^2}$;

14. $\sum_{n=1}^{\infty} \int_0^{\frac{1}{n}} \frac{\sqrt{x}}{1+x^2} \, \mathrm{d}x$;

15. $\sum_{n=2}^{\infty} \frac{1}{n \ln^p n} \quad (p > 0)$;

16. $\sum_{n=1}^{\infty} \frac{1}{n(\ln(5+n^3))^2}$.

习题 8.1.9. 证明：若 $\lim_{n\to\infty} na_n = a \neq 0$, 则级数 $\sum_{n=1}^{\infty} a_n$ 发散.

习题 8.1.10. 设级数 $\sum_{n=1}^{\infty} a_n$ 与 $\sum_{n=1}^{\infty} b_n$ 都收敛, 且 $a_n \leqslant c_n \leqslant b_n$, 证明: $\sum_{n=1}^{\infty} c_n$ 收敛.

习题 8.1.11. 设 $a_n > 0, b_n > 0$, 且有 $\frac{a_n}{a_{n+1}} \geqslant \frac{b_n}{b_{n+1}}$ $(n = 1, 2, \cdots)$, 证明:

1. 若级数 $\sum_{n=1}^{\infty} b_n$ 收敛, 则级数 $\sum_{n=1}^{\infty} a_n$ 收敛;
2. 若级数 $\sum_{n=1}^{\infty} a_n$ 发散, 则级数 $\sum_{n=1}^{\infty} b_n$ 发散.

习题 8.1.12. 判别下列级数是否收敛, 并对收敛级数说明是绝对收敛还是条件收敛:

1. $\sum_{n=1}^{\infty} \frac{\cos(n!)}{n^{\frac{3}{2}}}$;

2. $\sum_{n=1}^{\infty}(-1)^n\frac{n}{2n+1}$;

3. $\sum_{n=1}^{\infty}(-1)^n\frac{(2n-1)!!}{3^n\cdot n!}$;

4. $\sum_{n=1}^{\infty}(-1)^n(\sqrt[n]{a}-1)\quad(a>0,a\neq 1)$;

5. $\sum_{n=1}^{\infty}(-1)^n\frac{1}{n-\ln n}$;

6. $\sum\limits_{n=1}^{\infty}(-1)^{n+1}\dfrac{\ln n}{\sqrt[3]{n}}$;

7. $\sum\limits_{n=1}^{\infty}\sin\left(n\pi+\dfrac{\pi}{n}\right)$;

8. $\sum\limits_{n=1}^{\infty}x^n\tan\dfrac{1}{\sqrt{n}}\quad(x\in\mathbf{R})$.

习题 8.1.13. 已知 $\sum_{n=1}^{\infty} a_n^2$ 及 $\sum_{n=1}^{\infty} b_n^2$ 收敛，证明：$\sum_{n=1}^{\infty} \frac{a_n}{n}$，$\sum_{n=1}^{\infty} a_n a_{n+1}$，$\sum_{n=1}^{\infty} a_n b_n$ 都绝对收敛.

习题 8.1.14. 设 $\sum_{n=1}^{\infty} a_n$ 为正项级数，$S_n = \sum_{k=1}^{n} a_k$，证明：级数 $\sum_{n=1}^{\infty} \frac{a_n}{S_n^2}$ 收敛.

习题 8.1.15. 设 $f(x)$ 在 $x = 0$ 的某一邻域内具有二阶连续导数，且 $\lim_{x \to 0} \frac{f(x)}{x} = 0$，证明：级数 $\sum_{n=1}^{\infty} f\left(\frac{1}{n}\right)$ 绝对收敛.

8.2　函数项级数

习题 8.2.1. 证明级数 $\sum_{n=1}^{\infty} \frac{(-1)^n x^2}{(1+x^2)^n}$ 在 $(-\infty, +\infty)$ 上收敛, 并求它的和函数.

习题 8.2.2. 求下列函数项级数的收敛域:

1. $\sum_{n=1}^{\infty} \frac{\ln n}{2^n(n+1)}(x+3)^n$;

2. $\sum_{n=2}^{\infty} \frac{n+1}{n-1}\left(\frac{x}{1+3x}\right)^n$;

3. $\sum_{n=1}^{\infty} x^n \sin\frac{x}{2^n}$;

4. $\sum_{n=1}^{\infty} (\sin x)x^n$.

习题 8.2.3. 说明函数项级数的逐点收敛与一致收敛的区别和联系, 并用 $\varepsilon - N$ 语言表述级数 $\sum_{n=1}^{\infty} u_n$ 在集合 $D \subseteq \mathbf{R}$ 上不一致收敛于函数 $S: D \to \mathbf{R}$.

习题 8.2.4. 证明下列级数在给定区间上一致收敛:

1. $\dfrac{1}{1+x}-\sum\limits_{n=2}^{\infty}\dfrac{1}{(x+n-1)(x+n)},\quad x\in[0,1];$

2. $\sum\limits_{n=1}^{\infty}\dfrac{\sin nx}{\sqrt[3]{n^4+x^2}},\quad x\in(-\infty,+\infty);$

3. $\sum\limits_{n=1}^{\infty}\left(1-\cos\dfrac{x}{n}\right),\quad x\in[-\delta,\delta]\ (\delta>0).$

习题 8.2.5. 证明：级数 $\sum_{n=0}^{\infty} x^n$ 在 $[-q,q]$ $(0<q<1)$ 上一致收敛，并且

1. $\ln(1+x)=x-\dfrac{x^2}{2}+\dfrac{x^3}{3}-\cdots+(-1)^{n-1}\dfrac{x^n}{n}+\cdots,\quad |x|<1$;

2. $\dfrac{1}{(1-x)^2}=1+2x+3x^2+\cdots+(n+1)x^n+\cdots,\quad |x|<1$.

习题 8.2.6. 证明：函数 $f(x)=\sum_{n=1}^{\infty}\dfrac{\sin nx}{n^3}$ 在 $(-\infty,+\infty)$ 内连续，并且有连续的导函数.

8.3 幂级数

习题 8.3.1. 设幂级数 $\sum\limits_{n=1}^{\infty}\frac{a_n}{2^n}(x-1)^n$ 在 $x=3$ 处条件收敛, 求 $\sum\limits_{n=1}^{\infty}a_nx^n$ 的收敛区间.

习题 8.3.2. 求下列幂级数的收敛区间和收敛域:

1. $\sum\limits_{n=1}^{\infty}\frac{(-1)^{n-1}x^n}{n(n+1)}$;

2. $\sum\limits_{n=1}^{\infty}\frac{1}{n\cdot 2^n}(x+2)^n$;

3. $\sum\limits_{n=1}^{\infty}\left(\sqrt{n+1}-\sqrt{n}\right)2^nx^{2n}$;

4. $\sum_{n=0}^{\infty} \frac{1}{4^n(2n+1)} x^{4n+1}$;

5. $\sum_{n=1}^{\infty} \frac{3^n+(-2)^n}{2n+1}(2x-1)^n$;

6. $\sum_{n=1}^{\infty} \frac{1}{4^n+(-2)^n}(x+1)^n$;

7. $\sum_{n=1}^{\infty} \frac{n!}{n^n} x^{2n+1}$.

习题 8.3.3. 求下列幂级数的和函数:

1. $\sum_{n=1}^{\infty} \frac{1}{n(n+1)} x^n$;

2. $\sum_{n=1}^{\infty} \frac{x^{n-1}}{n \cdot 2^n}$;

3. $\sum_{n=1}^{\infty} \frac{x^{4n+1}}{4n+1}$;

4. $\sum_{n=1}^{\infty} n(n+2)x^n$;

5. $\sum_{n=1}^{\infty} (-1)^{n-1} n^2 x^n$;

6. $\sum_{n=1}^{\infty} n(x-1)^n$;

7. $\sum_{n=1}^{\infty}(-1)^{n-1}\frac{n-1}{n+1}x^n$.

习题 8.3.4. 利用幂级数求下列常数项级数的和:

1. $\sum_{n=1}^{\infty} \frac{(-1)^n}{2n-1}\left(\frac{3}{4}\right)^n$;

2. $\sum_{n=1}^{\infty} \dfrac{(-1)^n n(n+1)}{2^n}$;

3. $\sum_{n=0}^{\infty} \dfrac{2n+1}{n!}$.

习题 8.3.5. 设 $f(x) = \sum_{n=1}^{\infty} n \cdot 3^{n-1} x^{n-1}$.

1. 证明：$f(x)$ 在 $\left(-\dfrac{1}{3}, \dfrac{1}{3}\right)$ 内连续;

2. 计算 $\int_0^{\frac{1}{8}} f(x) \mathrm{d}x$.

习题 8.3.6. 求下列函数的 Maclaurin 展开式:

1. $f(x) = \dfrac{1}{2+3x+x^2}$;

2. $f(x) = \ln(1+x-2x^2)$;

3. $f(x) = \sin^2 x$;

4. $f(x) - \dfrac{x^2}{\sqrt{1-x^2}}$;

5. $f(x) = \arctan \dfrac{4+x^2}{4-x^2}$.

习题 8.3.7. 设 $f(x) = x^3 \mathrm{e}^{-x^2}$, 求 $f^{(n)}(0)$ $(n = 2, 3, \cdots)$.

习题 8.3.8. 求下列函数在指定点 x_0 处的 Taylor 展开式:

1. $f(x) = \cos x, \quad x_0 = -\dfrac{\pi}{3}$;

2. $f(x)=\dfrac{1}{2x^2+7x+6}$,　$x_0=2$;

3. $f(x)=\dfrac{1}{x^2}$,　$x_0=3$;

4. $f(x)=\ln\dfrac{x}{1+x}$,　$x_0=1$.

习题 8.3.9. 求级数 $\sum_{n=1}^{\infty} \frac{(-1)^{n-1}}{2^{n-1} \cdot (2n-1)!} x^{2n-1}$ 的和函数 $S(x)$, 并求 $S(x)$ 在 $x=1$ 处的幂级数展开式.

习题 8.3.10. 求下列各数的近似值, 精确到10^{-4}:

1. $f(x) = \sin 10°$;

2. $f(x) = \int_0^{\frac{1}{4}} \sqrt{1+x^3} \mathrm{d}x$.

习题 8.3.11. 利用 Euler 公式将 $\mathrm{e}^x \cos x$ 与 $\mathrm{e}^x \sin x$ 展开成 x 的幂级数.

8.4　Fourier 级数

习题 8.4.1. 什么叫正交函数系？证明函数系

$$\{\sin\omega t, \sin 2\omega t, \cdots, \sin n\omega t, \cdots\},\ t\in\left[0,\frac{T}{2}\right],\ \omega=\frac{2\pi}{T}$$

是所给区间上的正交函数系.

习题 8.4.2. 已知函数 f 以 2π 为周期, 且在一个周期内的表达式为

$$f(x)=\begin{cases}-\dfrac{x}{\pi}, & -\pi\leqslant x\leqslant 0,\\ \dfrac{2x}{\pi}, & 0<x<\pi,\end{cases}$$

求 $f(x)$ 的 Fourier 级数.

习题 8.4.3. 设 $S(x)$ 是周期为 2π 的函数 $f(x)$ 的 Fourier 级数的和函数, 且 $f(x)$ 在一个周期上的表达式为

$$f(x)=\begin{cases}0, & 2<|x|\leqslant\pi,\\ \mathrm{e}^x, & |x|\leqslant 2,\end{cases}$$

求 $S(x)$ 在区间 $[-\pi,\pi]$ 上的表达式, 并求 $S(3\pi)$, $S\left(\dfrac{7\pi}{2}\right)$ 和 $S(2\pi-2)$ 的值.

习题 8.4.4. 把下列函数展开为Fourier级数:

1. $f(x)=\mathrm{e}^x+1\quad(-\pi<x\leqslant\pi)$;

2. $f(x)=\begin{cases}1, & -\pi<x\leqslant 0,\\ -1, & 0<x\leqslant\pi.\end{cases}$

习题 8.4.5. 将 $f(x)=\dfrac{\pi-x}{2}$ $(x\in[0,\pi])$ 展开为正弦级数.

习题 8.4.6. 将函数 $f(x)=\begin{cases}1-\dfrac{x}{2h}, & 0\leqslant x\leqslant 2h,\\ 0, & 2h<x\leqslant\pi\end{cases}$ 展开成余弦级数，并求常数项级数 $\displaystyle\sum_{n=1}^{\infty}\left(\frac{\sin nh}{nh}\right)^2$ 的和.

习题 8.4.7. 将 $f(x)=x(\pi-x)$ $(0\leqslant x\leqslant\pi)$ 展开为正弦级数, 并证明

$$\sum_{n=1}^{\infty}\frac{(-1)^{n-1}}{(2n-1)^3}=\frac{\pi^3}{32}.$$

习题 8.4.8. 把下列函数展开为 Fourier 级数:

1. $f(x)=|x|,\ \ |x|\leqslant l$ (l 为正常数);

2. $f(x)=\begin{cases} 1+\cos \pi x, & x\in(-1,1), \\ 0, & x\in[-2,-1]\cup[1,2]. \end{cases}$

习题 8.4.9. 将 $f(x)=\begin{cases} \sin \dfrac{\pi}{l}x, & 0<x<\dfrac{l}{2}, \\ 0, & \dfrac{l}{2}\leqslant x\leqslant l \end{cases}$ 展开成正弦级数 (l 为正常数).

习题 8.4.10. 将 $f(x)=x-1$ $(x\in[0,2])$ 展开成余弦级数, 并求常数项级数 $\sum\limits_{n=1}^{\infty}\dfrac{1}{n^2}$ 的和.

习题 8.4.11. 将 $f(x)=10-x$ 在 $[5,15]$ 上展开成以 10 为周期的 Fourier 级数.

8.5　测试卷

一. 填空题

1. 当常数 p 满足条件__________时, 级数 $\sum\limits_{n=1}^{\infty}(-1)^n\dfrac{\sqrt{n+1}-\sqrt{n-1}}{n^p}$ 绝对收敛;

2. 幂级数 $\sum\limits_{n=1}^{\infty}\left(\sin\dfrac{\pi}{4^n}\right)x^{2n+1}$ 的收敛半径 $R=$__________;

3. 设幂级数 $\sum\limits_{n=0}^{\infty}a_n\left(\dfrac{x-1}{2}\right)^n$ 在 $x=-2$ 处条件收敛, 则其收敛半径$R=$__________;

4. 若将函数 $\dfrac{x}{a+bx}\,(ab\neq 0)$ 展开成 x 的幂级数, 则其收敛半径 $R=$__________;

5. 幂级数 $\sum\limits_{n=1}^{\infty}\dfrac{3^n}{n}x^n$ 的收敛域为__________;

6. 幂级数 $\sum\limits_{n=1}^{\infty}(-1)^n\dfrac{1}{2^n\ln(n+1)}x^n$ 的收敛域为__________;

7. 级数 $\sum\limits_{n=1}^{\infty}\dfrac{1}{(n+1)2^n}$ 的和等于__________;

8. 级数 $\sum\limits_{n=1}^{\infty}\dfrac{2n+(-1)^{n-1}(n-1)!}{n!}$ 的和等于__________;

9. 函数 $f(x)=\ln(1-x-2x^2)$ 关于 x 的幂级数展开式中, x^3 的系数是__________;

10. 将 $f(x)=1-|x|$ 在区间 $[-1,1]$ 上展开成以 2 为周期的余弦级数 $\dfrac{a_0}{2}+\sum\limits_{n=1}^{\infty}a_n\cos n\pi x$, 则系数 a_3 的值为__________;

11. 设 $f(x)=x^2\ (0\leqslant x\leqslant\pi)$, 且 $S(x)=\sum\limits_{n=1}^{\infty}b_n\sin nx$, 其中 $b_n=\dfrac{2}{\pi}\int_0^{\pi}f(x)\sin nx\mathrm{d}x\ (n=1,2,\cdots)$, 则 $S\left(-\dfrac{\pi}{3}\right)=$________, $S(\pi)=$________;

12. 设函数 $f(x)=\begin{cases}x, & -\pi<x\leqslant 0,\\ 1, & 0<x\leqslant\pi,\end{cases}$ $S(x)$ 为 $f(x)$ 的以 2π 为周期的Fourier 级数的和函数, 则在区间 $[-\pi,\pi]$ 上 $S(x)$ 的表达式为______________.

二. 选择题

1. 已知级数 $\sum\limits_{n=1}^{\infty}(-1)^{n-1}u_n=2$, $\sum\limits_{n=1}^{\infty}u_{2n-1}=5$, 则级数 $\sum\limits_{n=1}^{\infty}u_n=$ 【　】

(A) 3　　(B) 7　　(C) 8　　(D) 9

2. 设级数 $\sum\limits_{n=1}^{\infty} a_n$ 和 $\sum\limits_{n=1}^{\infty} b_n$ 都发散, 则下述结论正确的是 【 】

(A) $\sum\limits_{n=1}^{\infty}(a_n+b_n)$ 必发散　　(B) $\sum\limits_{n=1}^{\infty} a_n b_n$ 必发散

(C) $\sum\limits_{n=1}^{\infty}(|a_n|+|b_n|)$ 必发散　　(D) $\sum\limits_{n=1}^{\infty}(a_n^2+b_n^2)$ 必发散

3. 在下列无穷级数中, 收敛的级数是 【 】

(A) $\sum\limits_{n=1}^{\infty} n^3\mathrm{e}^{-n}$　　(B) $\sum\limits_{n=1}^{\infty}(-1)^n\left(\dfrac{n}{n+1}\right)^n$

(C) $\sum\limits_{n=1}^{\infty}\ln\left(1+\dfrac{1}{n\sqrt[n]{n}}\right)$　　(D) $\sum\limits_{n=1}^{\infty}\dfrac{(-1)^n-\sqrt{n}}{n+1}$

4. 设 $u_n=(-1)^n\ln\left(1+\dfrac{1}{\sqrt{n}}\right)\ (n=1,2,\cdots)$, 则级数 【 】

(A) $\sum\limits_{n=1}^{\infty} u_n$ 与 $\sum\limits_{n=1}^{\infty} u_n^2$ 都收敛　　(B) $\sum\limits_{n=1}^{\infty} u_n$ 与 $\sum\limits_{n=1}^{\infty} u_n^2$ 都发散

(C) $\sum\limits_{n=1}^{\infty} u_n$ 收敛而 $\sum\limits_{n=1}^{\infty} u_n^2$ 发散　　(D) $\sum\limits_{n=1}^{\infty} u_n$ 发散而 $\sum\limits_{n=1}^{\infty} u_n^2$ 收敛

5. 设 $u_n>0\ (n=1,2,\cdots)$, 若 $\lim\limits_{n\to\infty} n^2u_n=l\ (0<l<+\infty)$, 则交错项级数 $\sum\limits_{n=1}^{\infty}(-1)^n u_n$ 【 】

(A) 绝对收敛　　(B) 条件收敛

(C) 发散　　(D) 不能确定其敛散性

6. 设级数 $\sum\limits_{n=1}^{\infty}(-1)^n a_n$ 条件收敛, 则必有 【 】

(A) $\sum\limits_{n=1}^{\infty} a_n$ 收敛　　(B) $\sum\limits_{n=1}^{\infty} a_n^2$ 收敛

(C) $\sum\limits_{n=1}^{\infty}(a_n-a_{n+1})$ 收敛　　(D) $\sum\limits_{n=1}^{\infty} a_{2n}$ 与 $\sum\limits_{n=1}^{\infty} a_{2n-1}$ 都收敛

7. 若级数 $\sum\limits_{n=1}^{\infty}(-1)^n n\sin\dfrac{\pi}{n^p}$ 绝对收敛, 则必有 【 】

(A) $p>2$　　(B) $p\geqslant 2$　　(C) $1<p<2$　　(D) $0<p\leqslant 1$

8. 级数 $\sum\limits_{n=1}^{\infty}(-1)^n\dfrac{n^n}{2^n(\ln n)^{\alpha}n!}$ (α 为实数) 【　】

(A) 条件收敛　　(B) 绝对收敛

(C) 发散　　(D) 收敛性与 α 的取值有关

9. 设级数 $\sum\limits_{n=1}^{\infty}a_n$ 条件收敛, 且 $\lim\limits_{n\to\infty}\left|\dfrac{a_{n+1}}{a_n}\right|=\rho$, 则 【　】

(A) $\rho=+\infty$　　(B) $\rho<1$　　(C) $1<\rho<+\infty$　　(D) $\rho=1$

10. 下列函数项级数在给定的区间上不一致收敛的是 【　】

(A) $\sum\limits_{n=1}^{\infty}\dfrac{\sin nx}{n^2}$, $-\infty<x<+\infty$　　(B) $\sum\limits_{n=1}^{\infty}\dfrac{(-1)^n}{2^n+x}$, $0\leqslant x<+\infty$

(C) $\sum\limits_{n=1}^{\infty}x^n$, $0\leqslant x<1$　　(D) $\sum\limits_{n=1}^{\infty}\dfrac{x}{1+n^3x^2}$, $-\infty<x<+\infty$

三. 计算题

1. 求级数 $\sum\limits_{n=1}^{\infty}\dfrac{1}{n}\left(\dfrac{x-1}{x}\right)^n$ 的收敛域.

2. 求级数 $\sum\limits_{n=1}^{\infty}\dfrac{x}{n^x}$ 的收敛域.

3. 求级数 $1+\sum\limits_{n=1}^{\infty}\dfrac{x^n}{(1+x)(1+x^2)\cdots(1+x^n)}$ 的收敛域.

4. 求级数 $\sum\limits_{n=1}^{\infty}\dfrac{(-1)^n}{n}(x-4)^n$ 的收敛域与和函数.

5. 求级数 $\sum\limits_{n=0}^{\infty}\dfrac{(n-1)^2}{n+1}x^n$ 的收敛域与和函数.

四. 综合题

1. 判别级数 $\sum\limits_{n=1}^{\infty}\dfrac{1}{a^{\ln n}}\ (a>0)$ 的敛散性.

2. 判别级数 $\sum\limits_{n=2}^{\infty}\dfrac{1}{[\ln(\ln n)]^n}$ 的敛散性.

3. 判别级数 $\sum\limits_{n=1}^{\infty}\left(n\ln\dfrac{2n+1}{2n-1}-1\right)$ 的敛散性.

4. 判别级数 $\sum_{n=1}^{\infty} \int_{n}^{n+1} e^{-\sqrt{x}} dx$ 的敛散性.

5. 判断级数 $\sum_{n=1}^{\infty} \sin(\pi\sqrt{n^2+1})$ 是否收敛. 若收敛, 请说明是绝对收敛还是条件收敛.

6. 判断级数 $\sum_{n=1}^{\infty} (-1)^{n+1} \left(e - \left(1+\frac{1}{n}\right)^{n}\right)$ 是否收敛. 若收敛, 请说明是绝对收敛还是条件收敛.

7. 判断数项级数 $\sum_{n=1}^{\infty}(-1)^{n+1}\left(\frac{(2n-1)!!}{(2n)!!}\right)^{p}$ 是否收敛. 若收敛, 请说明是绝对收敛还是条件收敛.

8. 已知级数 $\sum_{n=1}^{\infty}(a_n-a_{n-1})$ 收敛, 级数 $\sum_{n=1}^{\infty}b_n$ 绝对收敛, 证明: 级数 $\sum_{n=1}^{\infty}a_nb_n$ 绝对收敛.

9. 设正数列 $\{a_n\}$ 单调递减, 级数 $\sum_{n=1}^{\infty}(-1)^n a_n$ 发散, 问级数 $\sum_{n=1}^{\infty}\left(\frac{1}{a_n+1}\right)^n$ 是否收敛? 请说明理由.

10. 证明: (1) 级数 $\sum_{n=1}^{\infty}\frac{\sin^n x}{2^n}$ 在 $(-\infty,+\infty)$ 上一致收敛;

(2) 存在 $\xi\in\left(0,\frac{\pi}{2}\right)$, 使得 $\sum_{n=1}^{\infty}\frac{n\cos\xi\sin^{n-1}\xi}{2^n}=\frac{2}{\pi}$.

11. 将函数 $f(x)=\frac{x^3}{1+x-2x^2}$ 展开为 x 的幂级数.

12. 将函数 $f(x)=\int_0^x\frac{\sin t}{t}\mathrm{d}t$ 展开为 x 的幂级数.

13. 设 $f(x) = \dfrac{1}{2x^2 - 3x + 1}$, 求 $f^{(n)}(0)$, 并证明级数 $\sum\limits_{n=1}^{\infty} \dfrac{f^{(n)}(0)}{n^n}$ 收敛.

14. 将函数 $f(x) = \begin{cases} e^x, & -\pi \leqslant x < 0, \\ 1, & 0 \leqslant x < \pi \end{cases}$ 展开成 Fourier 级数, 并求出 Fourier 级数的和函数 $S(x)$.

15. 将 $f(x)=x(\pi-x)\ (0\leqslant x\leqslant\pi)$ 展开为余弦级数, 并证明 $\sum\limits_{n=1}^{\infty}\dfrac{(-1)^{n-1}}{n^2}=\dfrac{\pi^2}{12}$.

16. 将函数 $f(x)=\begin{cases}\cos\dfrac{\pi}{l}x, & 2l\leqslant x<\dfrac{5l}{2},\\ 0, & \dfrac{5l}{2}\leqslant x<3l\end{cases}$ 展开为余弦级数(其中 $l>0$).

附录　习题参考答案或提示

习　题　1.1

1.1.2. 1. 上确界不存在, 下确界为 1；　2. 上确界为 2, 下确界为 1 .

习　题　1.2

1.2.1. 2. 提示: $\left|(n-\sqrt{n^2-n})-\dfrac{1}{2}\right|=\left|\dfrac{n-\sqrt{n^2-n}}{2(n+\sqrt{n^2-n})}\right|=\left|\dfrac{n}{2(n+\sqrt{n^2-n})^2}\right|<\dfrac{1}{2n}$.

1.2.3. 提示：利用反证法证明, 在极限的定义中 ε 取 $\dfrac{a-b}{2}$ 或者更小的值.

1.2.4. 提示: 当 $a>0$ 时, $\left|\sqrt{x_n}-\sqrt{a}\right|=\dfrac{|x_n-a|}{\sqrt{x_n}+\sqrt{a}}<\dfrac{|x_n-a|}{\sqrt{a}}$.

1.2.5. 1. $\dfrac{1}{5}$；　2. $\dfrac{1}{2}$；　3. $\dfrac{1}{2}$；　4. 1；　5. $\dfrac{1}{3}$；　6. 2 (提示：用 Stolz 公式求解).

1.2.7. 提示：$0\leqslant|x_{n+1}|\leqslant q^n|x_1|$；或利用单调有界原理可得到数列 $\{|x_n|\}$ 收敛于 0 .

1.2.8. 1. $\lim\limits_{n\to\infty}x_n=\dfrac{\sqrt{5}+1}{2}$；　2. $\lim\limits_{n\to\infty}x_n=\sqrt{a}$；　3. $\lim\limits_{n\to\infty}x_n=\dfrac{1}{2}$.

1.2.9. 提示：对已知极限, 取 ε 满足 $r+\varepsilon<1$, 则通过极限的定义可得不等式 $x_{n+1}<(r+\varepsilon)x_n$, 再由夹逼定理得证.

1.2.10. 提示：利用极限的定义求得两个数列的界.　**1.2.11.** 收敛 (提示：柯西收敛准则).

1.2.12. 提示：对任意 $p\in\mathbf{N}_+$, 由 $|a_{n+1}-a_n|\leqslant q^{n-1}|a_2-a_1|$, 可得

$$|a_{n+p}-a_n|\leqslant\frac{q^{n-1}(1-q^p)}{1-q}|a_2-a_1|<\frac{q^{n-1}}{1-q}|a_2-a_1|,$$

再利用柯西收敛定理证明.

习　题　1.3

1.3.2. $f(2+0)=4,\ f(2-0)=-2a$；　$a=-2$.

1.3.3. 1. $f(n+0)=n,\ f(n-0)=n-1$；　2. $f(n+0)=0,\ f(n-0)=1$.

提示：由函数在点 $x=n$ 处左右两侧的表达式来求单侧极限; 函数 $f(x)=x-[x]$ 的周期为 1 .

1.3.5. 提示：用海涅定理证明.

1.3.6. 1. 0；　2. $\dfrac{1}{3}$；　3. $\dfrac{1}{2}$；　4. 1；　5. $\dfrac{n(n+1)}{2}$；　6. $\dfrac{mn(n-m)}{2}$.

1.3.7. 1. $a=1,\ b=-\dfrac{1}{2}$；　2. $a=-\dfrac{15}{16},\ b=-\dfrac{1}{4}$.　**1.3.8.** 0 .

1.3.9. 1. $\dfrac{\alpha}{\beta}$；　2. $\dfrac{5}{3}$；　3. 2；　4. $\dfrac{2}{\pi}$；　5. $(-1)^{m-n}\dfrac{m}{n}$；　6. $\dfrac{1}{8}$；　7. $\dfrac{1}{4}$；　8. 1.

1.3.10. 1. e^{-10}；　2. e^k；　3. e^2；　4. e^2.　**1.3.11.** 1. 不存在;　2. 不存在.

习　题　1.4

1.4.3. 1. $k=\dfrac{5}{2}$；　2. $k=1$ $\left(提示：\sin(2\pi\sqrt{n^2+1})=\sin(2\pi\sqrt{n^2+1}-2n\pi)=\sin\dfrac{2\pi}{\sqrt{n^2+1}+n}\right)$.

1.4.4. 1. $\frac{1}{2}$； 2. $\frac{1}{2n}$； 3. $\frac{1}{2}$.

1.4.5. 提示：可设$f(x)=o(x^m)$, $g(x)=o(x^n)$, 即证 $\lim\limits_{x\to0}\frac{f(x)+g(x)}{x^l}=0$ 和 $\lim\limits_{x\to0}\frac{f(x)\cdot g(x)}{x^{m+n}}=0$.

1.4.6. 提示: 利用海涅定理证明函数当 $x\to0^+$ 时, 不是无穷大量.

习 题 1.5

1.5.1. 1. $f(x)$ 在$(-\infty,-1)\cup(-1,0)\cup(0,1)\cup(1,+\infty)$ 上连续； $x=1$ 为第一类(可去)间断点,

$x=0$为第一类(跳跃)间断点， $x=-1$ 为第二类(无穷)间断点 .

2. $f(x)$ 在$x\neq0$ 时连续； $x=0$ 为第二类间断点 .

3. $f(x)$ 在$x\neq0$ 时连续；$x=0$ 为第一类(可去)间断点 .

4. $f(x)$ 在$x\neq0$ 时连续； $x=0$ 为第一类(跳跃)间断点 .

5. $f(x)$ 在$x\neq k\pi$ $(k=0,\pm1,\cdots)$ 时连续；$x=0$ 为第一类(可去)间断点 ,

$x=k\pi$ $(k=\pm1,\pm2,\cdots)$ 为第二类间断点 $\left(\text{提示：} f(x)=\mathrm{e}^{\frac{x}{\sin x}}\right)$.

1.5.2. 1. $\ln2$； 2. $\frac{1}{2}$； 3. 1； 4. $\mathrm{e}^{-\frac{4}{3}}$； 5. $-\frac{1}{2}$.

1.5.3. $a=\frac{1}{\sqrt2}$， $b=-1$.

1.5.4. 提示：由 $\lim\limits_{x\to x_0}(kf(x)-f(x_0))>0$ 及极限的保号性可得证.

1.5.6. 提示：设 $F(x)=f(x)-x$, 利用零点存在定理即证.

第一章测试卷

一. 1. 1； 2. $\sqrt2$； 3. 一阶或者同阶； 4. $a=5$, $b=6$； 5. $x=1$； 6. $x=0$， 第一类间断点.

二. 1. D； 2. A； 3. D； 4. D .

三. 1. (1) $\frac{7}{3}$； (2) 4； (3) 1； (4) 2 .

2. $f(x)$ 在 $(0,2)\cup(2,+\infty)$ 上连续； $x=2$ 为第一类(跳跃)间断点.

3. 极限值为 $\sqrt3$ (提示：利用单调有界原理证明极限存在).

四. 2. 提示：$\max\{f(x),g(x)\}=\frac{f(x)+g(x)+|f(x)-g(x)|}{2}$， $\min\{f(x),g(x)\}=\frac{f(x)+g(x)-|f(x)-g(x)|}{2}$.

3. 提示：设 $F(x)=f(x)-f(a+x)$, 利用零点存在定理证明. 4. 提示：利用柯西收敛原理证明.

5. 提示：证明非一致连续时, 可取 $\varepsilon_0=\frac{1}{2}$, $x_n^{(1)}=\sqrt{n+1}$, $x_n^{(2)}=\sqrt{n}$.

习 题 2.1

2.1.1. 1. 0； 2. 0 .

2.1.2. 提示: 对极限 $\lim\limits_{x\to0}\frac{f(x)-f(0)}{x}$ 作换元 $x=-t$.

2.1.4. 仅当$\varphi(a)=0$时，$g(x)$ 在 $x=a$ 处可导.

2.1.5. $f'_+(0)=0$， $f'_-(0)=1$； $f'(0)$不存在.

2.1.6. 切线方程：$y-\frac{\sqrt3}{2}=-\frac{1}{2}\left(x-\frac{2}{3}\pi\right)$， 法线方程：$y-\frac{\sqrt3}{2}=2\left(x-\frac{2}{3}\pi\right)$.

2.1.7. $2x+y-\ln2-4=0$.

2.1.8. $a=2$， $b=-1$.

2.1.9. 1. $(\alpha+\beta)f'(x_0)$； 2. $6x_0^{\frac{2}{3}}f(x_0)f'(x_0)$ (提示：分子分母同乘以 $x-x_0$).

2.1.10. $f'(x)=1+2x$.

2.1.11. 1. $-\frac{3}{2}x^{\frac{1}{2}}+\frac{\sqrt{3}}{2}x^{-\frac{1}{2}}+2$； 2. $\frac{1-\cos x-x\sin x}{(1-\cos x)^2}$； 3. $e^x(\sec^2 x(\sin x+\cos x)+\csc^2 x(\sin x-\cos x))$；

4. $\frac{1-\ln x}{x^2}$； 5. $2x^{-\frac{1}{3}}+\frac{5}{3}x^{-\frac{11}{6}}$； 6. $\frac{t+\sin t}{1+\cos t}$.

2.1.12. 1. $\frac{3\sqrt{2}}{4}-\frac{\sqrt{2}}{8}\pi$； 2. $-2\cdot 99!$.　　**2.1.13.** $y=-x^2+x+1$.

2.1.14. $f'(x)=\begin{cases} e^x, & x<-1; \\ 2x+\frac{1}{e}, & -1<x<1; \\ -e^{-x}, & x>1. \end{cases}$　　**2.1.15.** $a=0$； $f'(x)=\begin{cases} g(x)+(x+1)g'(x), & x\neq 0, \\ g'(0), & x=0. \end{cases}$

2.1.16. $\left(\frac{1}{2},\ 1-\frac{1}{e}\right)$.　　**2.1.17.** $a=-1,\quad b=1$.

2.1.18. $t=\frac{3}{2}$.　　**2.1.19.** $\frac{15}{4}$.　　**2.1.20.** $\frac{e}{2}$.

2.1.21. 1. $-2(x-1)e^{-x^2+2x-1}$； 2. $\frac{6x^2+\cos x}{2x^3+\sin x}$； 3. $-\frac{1}{\sqrt{2x(1-x)}(1+x)}$；

4. $\frac{1}{\sqrt{a^2+x^2}}$； 5. $-\frac{\sin 2x}{|\cos x|(1+\sin^2 x)^{\frac{3}{2}}}$； 6. $1+x^x(1+\ln x)$；

7. $\frac{1+\cos x}{2(x+\sin x)\ln a}$； 8. $\frac{2x\cos(x^2+1)}{1+\sin^2(x^2+1)}$； 9. $\frac{9x^2+8x\sqrt{x}+3\sqrt{x}+2}{4\sqrt{x+x\sqrt{x}}}$；

10. $a^{a^x+x}(\ln a)^2+a^{x^a}x^{a-1}a\ln a+a^{a}x^{a^a-1}$； 11. $\frac{1}{3(x+1)}-\frac{2x-1}{6(x^2-x+1)}+\frac{1}{2(x^2+x+1)}$；

12. $\frac{(3-2x)^4\sqrt[3]{(x+5)^2}}{x^2\sqrt{(2x^2+7x-3)^3}}\left(\frac{-8}{3-2x}+\frac{2}{3(x+5)}-\frac{2}{x}-\frac{3(4x+7)}{2(2x^2+7x-3)}\right)$；

13. $(\sin x)^{\cos 3x}(\cot x\cos 3x-3\sin 3x\ln\sin x)$；

14. $\begin{cases} e^x, & x>0, \\ -e^{-x}, & x<0 \end{cases}$ （提示：分段点 $x=0$ 需用导数的定义讨论）.

2.1.22. 1. $\frac{f(x)f'(x)+g(x)g'(x)}{\sqrt{f^2(x)+g^2(x)}}$； 2. $x^{e^{f(-x)}}\left(\frac{1}{x}e^{f(-x)}-f'(-x)e^{f(-x)}\ln x\right)$.

2.1.23. 1. $\frac{\sin y}{1-x\cos y}$； 2. $-\frac{y+e^x}{x+e^{-y}}$； 3. $\frac{\cos x\ln\cos y-\cos y\cot x}{\sin x\tan y-\sin y\ln\sin x}$.

2.1.24. 1. 切线方程：$y-1=-\frac{1}{2}(x-1)$，法线方程：$y-1=2(x-1)$；

2. 切线方程：$y=\sqrt[3]{4}$，法线方程：$x=\sqrt[3]{2}$.

2.1.25. 1. $2e^{-t}$； 2. $-4\sin t$.　　**2.1.26.** 切线方程：$x+y-3=0$，法线方程：$x-y-1=0$.

2.1.27. $(x+5)^2+(y+10)^2=225$.　　**2.1.29.** $\frac{14}{5}$ km/h.

2.1.30. 1. $-4e^x\cos x$； 2. $-2^{n-1}\cos\left(2x+\frac{n\pi}{2}\right)$； 3. $\frac{(-1)^n n!}{3}\left(\frac{1}{(x-1)^{n+1}}-\frac{1}{(x+2)^{n+1}}\right)$；

4. $\begin{cases} \ln x+\frac{1}{x}+1, & n=1, \\ \frac{(-1)^n(n-2)!}{x^{n-1}}+\frac{(-1)^{n-1}(n-1)!}{x^n}, & n\geqslant 2; \end{cases}$　　5. $-a^{10}x^2\cos(ax)-20a^9x\sin(ax)+90a^8\cos(ax)$.

2.1.31. $-\frac{f''(x)}{(f'(x))^3}$.　　**2.1.32.** $n!\varphi(a)$ $\left(\text{提示：先计算 } f^{(n-1)}(x)\text{，再用导数定义求 } f^{(n)}(a)\right)$.

2.1.33. 1. $\frac{(6t+5)(1+t)}{t}$； 2. $-\frac{3(1+t^2)}{8t^5}$.

2.1.34. 1. -2； 2. $-2\csc^2(x+y)\cot^3(x+y)$； 3. $\dfrac{xy(2x+2y-2-x^2-y^2)}{(xy-y)^3}$.

2.1.35. $y'(0)=0,\ y''(0)=2,\ y^{(n)}(0)=\begin{cases}0, & n=2k+1,\\ 2^{2k-1}((k-1)!)^2, & n=2k\end{cases}$ $(k\in\mathbf{N}_+)$. (提示：对 y 求一阶导，得方程 $\sqrt{1-x^2}y'=2\arcsin x$，此方程两边同时对 x 求导并整理，可得 $-xy'+(1-x^2)y''=2$，再在上述方程两边同时对 x 求 $n-1$ 阶导，结合 Leibniz 公式即可得证)

习 题 2.2

2.2.1. 1. $\mathrm{d}y\big|_{x=0}=\mathrm{d}x,\ \ \mathrm{d}y\big|_{x=\frac{\pi}{4}}=(2+\sqrt{2})\mathrm{d}x$.

2.2.2. $x_0=2,\ \Delta x=0.1$时，$\Delta y=-1.161,\ \mathrm{d}y=-1.1$； $x_0=2,\ \Delta x=0.01$时，$\Delta y=-0.110601,\ \mathrm{d}y=-0.11$.

2.2.3. 1. $-2\tan(1-x)\sec^2(1-x)\mathrm{d}x$； 2. $\left(-3\csc^3 x\cot x-\dfrac{1}{1+x^2}\right)\mathrm{d}x$.

2.2.4. 1. $-\dfrac{1}{2}\mathrm{e}^{-2x}+C$； 2. $\dfrac{1}{a}\arctan\dfrac{x}{a}+C$； 3. $\dfrac{1}{2}(\ln|x|)^2+C$； 4. $\dfrac{1}{3}\tan 3x+C$；

5. $-\dfrac{1}{\omega}\cos\omega x+C$； 6. $\mathrm{e}^{x^2}+C$； 7. $\dfrac{1}{2x+3},\ \dfrac{2}{2x+3}$. (说明：$C$ 为任意常数)

2.2.5. 1. $\dfrac{\pi}{4}-0.015$； 2. 0.01； 3. 0.10025； 4. $\dfrac{\sqrt{3}}{2}+\dfrac{\pi}{360}$.

2.2.6. 1. 约减少$43.6\,\mathrm{cm}^2$； 2. 约增加$104.7\,\mathrm{cm}^2$.

2.2.7. $0.03355\,\mathrm{g}$. **2.2.8.** $\dfrac{y(1-x)}{x(y-1)}\mathrm{d}x$. **2.2.9.** $\dfrac{\mathrm{e}^y\sin t}{(4t+3)(y-2)}\mathrm{d}x$.

2.2.10. 1. $\dfrac{2y(x+y)}{(x+2y)^3}\mathrm{d}x^2$； 2. $\left(\ln x+\dfrac{2}{x}-\dfrac{1}{x^2}\right)\mathrm{e}^x\mathrm{d}x^2$.

习 题 2.3

2.3.1. $f'(x)$有3个零点，分别在区间$(1,2),\ (2,3),\ (3,4)$中.

2.3.2. 提示：构造函数 $F(x)=\mathrm{e}^{ax}f(x)$. **2.3.5.** 提示：构造函数 $F(x)=x^2f(x)$.

2.3.9. 提示：对 $f(x)$ 在 x 与 0 构成的区间上用 Lagrange 中值定理来证明.

2.3.12. 提示：利用 Lagrange 中值定理及导数的定义可证.

2.3.13. 提示：令 $f(x)=\dfrac{\mathrm{e}^x}{x}, g(x)=\dfrac{1}{x}$，利用 Cauchy 中值定理可证.

2.3.15. 提示：1. 结合导数的定义及 Rolle 定理或者 Fermat 引理证明； 2. 由 1 可证.

2.3.16. 1. 2； 2. -1； 3. 0； 4. 0； 5. $-\dfrac{1}{6}$； 6. $-\dfrac{1}{2}$； 7. $-\dfrac{1}{32}$；

8. $-\dfrac{1}{8}$； 9. $\dfrac{1}{2}$； 10. 1； 11. 1； 12. $\mathrm{e}^{-\frac{1}{2}}$； 13. e； 14. e^{-1}.

2.3.17. 1. 不能. 2. 不能. **2.3.19.** $\dfrac{a}{2}$. **2.3.20.** $a=-3,\ \ b=\dfrac{9}{2}$.

2.3.21. $\ln 2$. **2.3.22.** $f(x)$ 在 $x=0$ 处连续.

2.3.23. 1. $-1-(x+1)-(x+1)^2-(x+1)^3+o((x+1)^3)$； 2. $1+x+\dfrac{1}{2!}x^2+o(x^3)$；

3. $1+2\left(x-\dfrac{\pi}{4}\right)+2\left(x-\dfrac{\pi}{4}\right)^2+\dfrac{8}{3}\left(x-\dfrac{\pi}{4}\right)^3+o\left(\left(x-\dfrac{\pi}{4}\right)^3\right)$.

2.3.24. 1. $-\ln 2-2\left(x-\frac{1}{2}\right)-2\left(x-\frac{1}{2}\right)^2-\cdots-\frac{2^n}{n}\left(x-\frac{1}{2}\right)^n-\frac{\left(x-\frac{1}{2}\right)^{n+1}}{(n+1)\left[\frac{1}{2}-\theta\left(x-\frac{1}{2}\right)\right]^{n+1}}$ $(0<\theta<1)$;

2. $x+x^2+\frac{x^3}{2!}+\cdots+\frac{x^n}{(n-1)!}+\frac{(n+1+\theta x)\mathrm{e}^{\theta x}}{(n+1)!}x^{n+1}$ $(0<\theta<1)$.

2.3.25. 1. $1-2x+2x^2-2x^3+2x^4+o(x^4)$;　2. $-\left(x+\frac{x^2}{2}+\frac{x^3}{3}+\cdots+\frac{x^n}{n}\right)+o(x^n)$;

3. $1-x^2+\frac{1}{2!}x^4-\frac{1}{3!}x^6+\cdots+\frac{(-1)^n}{n!}x^{2n}+o(x^{2n})$;

4. $1+x+\frac{3}{2}x^2+\frac{5!!}{3!}x^3+\cdots+\frac{(2n-1)!!}{n!}x^n+o(x^n)$.

2.3.26. 1. $\frac{1}{3}$;　2. $\frac{1}{8}$;　3. $\frac{1}{2}$;　4. $\frac{1}{6}$.　(提示：第 3 和 4 题需先令 $x=\frac{1}{t}$)　**2.3.27.** $-\frac{1}{2}$.

2.3.28. 提示：求出 $f(x)$ 在点 a 和 b 的带 Lagrange 余项的 1 阶 Taylor 公式, 再分别代入 $\frac{a+b}{2}$ 即可得证.

2.3.29. 提示：求出 $f(x)$ 在点 c 的带 Lagrange 余项的 1 阶 Taylor 公式, 再代入 0 和 1 即可得证.

习 题 2.4

2.4.1. 1. 单增区间 $\left(k\pi, k\pi+\frac{\pi}{3}\right)$ 和 $\left(k\pi+\frac{1}{2}\pi, k\pi+\frac{5}{6}\pi\right)$,

单减区间 $\left(k\pi+\frac{\pi}{3}, k\pi+\frac{\pi}{2}\right)$ 和 $\left(k\pi+\frac{5}{6}\pi, k\pi+\pi\right)$ $(k=0,\pm1,\pm2,\cdots)$;

2. 单增区间 $(-\infty,0)$ 和 $(2,+\infty)$, 单减区间 $(0,1)$ 和 $(1,2)$;　3. 单减区间 $(n,+\infty)$, 单增区间 $(0,n)$.

2.4.3. $\mathrm{e}^{\pi}>\pi^{\mathrm{e}}$.

2.4.4. 1. 极小值 $f\left(2k\pi+\frac{5}{4}\pi\right)=-\frac{\sqrt{2}}{2}\mathrm{e}^{-2k\pi-\frac{5}{4}\pi}$ $(k=0,\pm1,\pm2,\cdots)$,

极大值 $f\left(2k\pi+\frac{1}{4}\pi\right)=\frac{\sqrt{2}}{2}\mathrm{e}^{-2k\pi-\frac{1}{4}\pi}$ $(k=0,\pm1,\pm2,\cdots)$;

2. 极小值 $f(-5)=-\frac{\sqrt[3]{2}}{3}$, 极大值 $f(-1)=0$;　3. 极大值 $f(\mathrm{e})=\mathrm{e}^{\frac{1}{\mathrm{e}}}$, 无极小值.

2.4.5. 1. 最小值 $f\left(\frac{3}{4}\pi\right)=0$, 最大值 $f\left(\frac{\pi}{2}\right)=1$;

2. 最小值 $f\left(-\frac{1}{\sqrt{2}}\right)=-\frac{1}{\sqrt{2}}\mathrm{e}^{-\frac{1}{2}}$, 最大值 $f\left(\frac{1}{\sqrt{2}}\right)=\frac{1}{\sqrt{2}}\mathrm{e}^{-\frac{1}{2}}$;

3. 最小值 $f\left(\frac{1}{2}\right)=\frac{1}{4}$, 最大值 $f(0)=f(1)=1$;

4. 最小值 $f(1)=f(2)=0$, 最大值 $f(-10)=132$;　5. 无最小值, 最大值 $f\left(\frac{\pi}{4}\right)=1$.

2.4.6. 1. 1 个零点.　2. 当 $a>\frac{1}{\mathrm{e}}$ 时, 没有零点; 当 $a=\frac{1}{\mathrm{e}}$ 时, 有一个零点; 当 $a<\frac{1}{\mathrm{e}}$ 时, 有两个零点.

2.4.8. 提示：对函数 f 在区间 $\left(a, a-\frac{f(a)}{k}\right)$ 上用 Lagrange 中值定理及零点定理来证明.

2.4.9. 提示：题中函数 f 未必二阶可导, 故不能由 f' 单调增加得到 $f''(x)\geqslant 0$, 需结合 Lagrange 中值定理来证明.

2.4.10. 1. 利用导数的定义可求得, 当 $n=1$ 时, $f'(x_0)=\varphi(x_0)$, 当 $n>1$ 时, $f'(x_0)=0$.

2. 当 $n=1$ 时, 不是极值点; 当 $n>1$ 且 n 为偶数时, 为极值点, 否则不是极值点 (提示：用极值定义讨论).

2.4.11. 64.　**2.4.12.** 提示：利用函数的最值来证明.　**2.4.13.** $2\pi\sqrt{\frac{2}{3}}$ 弧度.

2.4.15. 1. 在 $(-\infty, -\sqrt{3})$ 和 $(0, \sqrt{3})$ 向上凸, 在 $(-\sqrt{3}, 0)$ 和 $(\sqrt{3}, +\infty)$ 向下凸,

拐点为 $\left(-\sqrt{3}, -\dfrac{\sqrt{3}}{4}\right)$, $(0, 0)$, $\left(\sqrt{3}, \dfrac{\sqrt{3}}{4}\right)$;

2. 在 $\left(2k\pi-\dfrac{\pi}{2}, 2k\pi+\dfrac{\pi}{2}\right)$ 向上凸, 在 $\left(2k\pi+\dfrac{\pi}{2}, (2k+1)\pi+\dfrac{\pi}{2}\right)$ 向下凸,

拐点为 $\left(k\pi+\dfrac{\pi}{2}, (-1)^k e^{-k\pi-\frac{\pi}{2}}\right)$ $(k=0,\pm1,\pm2,\cdots)$.

2.4.16. $a=-\dfrac{3}{2}$, $b=\dfrac{9}{2}$. **2.4.17.** 提示: 利用函数的凹凸性来证明.

2.4.18. 1. $x=-1$, $x=1$ 是两条铅直渐近线, $y=1$ 是水平渐近线;

2. $x=0$ 是铅直渐近线, $y=x+1$ 是斜渐近线.

第二章测试卷

一. 1. e^2; 2. $x+y=e^{\frac{\pi}{2}}$; 3. $\dfrac{\sqrt{2}}{2}n!$; 4. $\dfrac{4}{3}x\cos(x^4)$; 5. 5; 6. $f(x)=1+x+\dfrac{1}{2}x^2+o(x^2)$;

7. 极值点为 $x=3$, 渐近线有 $x=1$, $y=x+2$; 8. $(-\infty,-1)$, $(-1,+\infty)$, $(-1,21)$.

二. 1. A; 2. A;. 3. C; 4. C; 5. B.

三. 1. $\dfrac{3}{4}\pi$. 2. (1) $\sqrt[6]{\dfrac{x-5}{\sqrt[3]{x^2+4}}}\left(\dfrac{1}{6(x-5)}-\dfrac{x}{9(4+x^2)}\right)$; (2) $\begin{cases} -\dfrac{\pi}{2}\sin\dfrac{\pi}{2}x, & |x|<1, \\ 1, & x>1, \\ -1, & x<1, \\ \text{不存在}, & x=\pm1. \end{cases}$

3. $-a\tan ax$, $\dfrac{1}{2^n}\cot\dfrac{x}{2^n}-\cot x$. 4. (1) $\dfrac{2(x^2+y^2)}{(x-y)^3}$; (2) $\dfrac{1}{f''(t)}$.

5. $\dfrac{1}{2}$, $\dfrac{1}{8}$. 6. $(x-1)+(x-1)^2+\dfrac{1}{2}(x-1)^3+o((x-1)^3)$. 7. (1) $\dfrac{1}{3}$; (2) $\dfrac{e}{2}$.

8. $a=\dfrac{4}{3}$, $b=-\dfrac{1}{3}$. 9. 极小值 $f(0)=0$, 极大值 $f(-1)=e^{-2}$, 极大值 $f(1)=1$.

10. 三角形顶点为 $(0,2)$, $(-3,-1)$, $(3,-1)$ 或 $(0,-2)$, $(-3,1)$, $(3,1)$.

四. 1. 提示: 在 $(x^2-1)y'(x)-2nxy=0$ 两边求 $n+1$ 阶导数.

2. 提示: (1) 设函数 $f(x)=(1+x)\ln^2(1+x)-x^2$, 证明 $f(0)$ 是最大值;

(2) 设函数 $g(x)=2x-2\ln(1+x)-x\ln(1+x)$, 讨论 $g(x)$ 的单调性, 可证明右端不等式, 左端类似可证.

3. 提示: (1) 对 $f(x)$ 在 $[0,1]$ 上用Lagrange中值定理; (2) 设 $F(x)=e^x(f'(x)-1)$, 在 $[-\xi,\xi]$ 上用Rolle定理.

4. 提示: 利用函数 f 在 $x=0$ 处导数的定义证明, 或者在0与 x 构成的区间上用 Lagrange 中值定理.

5. 提示: 对 $f(x)$ 在点 x_0 处使用带Lagrange型余项的一阶 Taylor 公式.

习 题 3.1

3.1.1. $\int_0^1 \sin\pi x\,dx$. **3.1.2.** $\dfrac{1}{2}$.

3.1.3. 1. $\dfrac{\pi}{4}$; 2. 0; 3. $\dfrac{\pi(b-a)^2}{8}$. **3.1.4.** 1. 不可积; 2. 可积.

3.1.5. 1. $\int_1^2 2\sqrt{x}\,dx \geqslant \int_1^2\left(3-\dfrac{1}{x}\right)dx$; 2. $\int_0^1 \ln(1+x)\,dx \geqslant \int_0^1 \dfrac{\arctan x}{1+x}dx$.

3.1.9. 提示: 1. 由函数的连续性可以得到在某点的邻域内 $f(x)>0$; 2. 由1的结论得证.

习　题　3.2

3.2.1. 1. $\dfrac{\pi}{3}$； 2. $1-\dfrac{\pi}{4}$； 3. $\dfrac{5}{6}$； 4. $\dfrac{71}{3}$.

3.2.2. 1. $2x\ln(1+x^4)$； 2. $(\sin x-\cos x)\cdot\cos(\pi\sin^2 x)$； 3. $\begin{cases} x=\displaystyle\int_{t^4}^{0}\sin u^2\mathrm{d}u, \\ y'=\dfrac{\sin t^4}{\sin t^8}; \end{cases}$

4. $\dfrac{1-\cos x^2}{\mathrm{e}^{y^2}-\cos y^2}$； 5. $\displaystyle\int_{x^2}^{x^3}\varphi(t)\mathrm{d}t+3x^3(1+x^2)\varphi(x^3)-2x^2(1+x)\varphi(x^2)$.

3.2.3. $\dfrac{2x^3}{\sin x^2}$. **3.2.4.** $\dfrac{1}{5}$. **3.2.5.** 1. 12； 2. 1.

3.2.6. 1. $2\sqrt{x}-\dfrac{4}{3}x^{\frac{3}{2}}+\dfrac{2}{5}x^{\frac{5}{2}}+C$； 2. $2x-5\cdot\left(\dfrac{2}{3}\right)^x\cdot\dfrac{1}{\ln 2-\ln 3}+C$；

3. $-(\cot x+\tan x)+C$； 4. $x^3+\arctan x+C$.

3.2.7. $f(x)=\dfrac{x^2}{4}+\dfrac{1}{3}$. **3.2.8.** $\dfrac{2}{3}(2\sqrt{2}-1)$.

3.2.9. 1. $F(x)=\begin{cases}\dfrac{x^3}{3}, & x\leqslant 0, \\ 1-\cos x, & x>0,\end{cases}$ $F(x)$ 处处连续, 处处可导; 2. $\begin{cases}\dfrac{x^3}{3}+C-1, & x\leqslant 0, \\ -\cos x+C, & x>0.\end{cases}$

3.2.10. 提示：设 $F(x)=x^2$, $G(x)=\displaystyle\int_a^x f(t)\,\mathrm{d}t$, 利用 Cauchy 中值定理证明.

习　题　3.3

3.3.1. 1. $-\sqrt{4-x^2}+C$； 2. $x-\ln(1+\mathrm{e}^x)+C$； 3. $2\tan\sqrt{x}+C$；

4. $\dfrac{1}{4}\sin 2x-\dfrac{1}{8}\sin 4x+C$； 5. $\dfrac{1}{5}\sec^5 x+C$； 6. $\ln|\sin x+\cos x|+C$；

7. $\sin x-\arctan(\sin x)+C$； 8. $\sqrt{a^2+x^2}+\dfrac{a^2}{\sqrt{a^2+x^2}}+C$；

9. $\dfrac{4}{3}[\sqrt[4]{x^3}-\ln(\sqrt[4]{x^3}+1)]+C$； 10. $\dfrac{\sqrt{x^2-9}}{9x}+C$； 11. $\dfrac{4}{3}(1+\sqrt{x})^{\frac{3}{2}}+C$；

12. $\ln\left|\dfrac{1-\sqrt{\frac{1-x}{1+x}}}{1+\sqrt{\frac{1-x}{1+x}}}\right|+2\arctan\sqrt{\dfrac{1-x}{1+x}}+C$； 13. $\arcsin\dfrac{x-1}{2}+C$；

14. $-\arcsin\dfrac{x+1}{2x}+C$； 15. $2\sqrt{x^2+x+1}+C$； 16. $\dfrac{1}{175}(5x-3)^7+\dfrac{4}{75}(5x-3)^6+C$.

3.3.2. 1. $\left(\dfrac{x^3}{3}+x\right)\ln x-\dfrac{x^3}{9}-x+C$； 2. $x\tan x+\ln|\cos x|+C$；

3. $4\sqrt{1+x}-2\sqrt{1-x}\arcsin x+C$； 4. $\dfrac{1}{2}\sec x\tan x+\dfrac{1}{2}\ln|\sec x+\tan x|+C$；

5. $\dfrac{\mathrm{e}^x}{2}\left(1-\dfrac{2\sin 2x+\cos 2x}{5}\right)+C$； 6. $(x+1)\arctan\sqrt{x}-\sqrt{x}+C$；

7. $\dfrac{1}{3}x^3\sin x^3+\dfrac{1}{3}\cos x^3+C$； 8. $x\arctan x-\dfrac{1}{2}\ln(1+x^2)-\dfrac{1}{2}(\arctan x)^2+C$.

3.3.3. $-\dfrac{\ln(1+\mathrm{e}^x)}{\mathrm{e}^x}+x-\ln(1+\mathrm{e}^x)+C$.

3.3.4. 1. $\ln|x^2-1|+\dfrac{1}{2}\ln\left|\dfrac{x-1}{x+1}\right|+C$； 2. $-\dfrac{1}{x}+\arctan x+C$；

3. $\frac{1}{4}\left[x^4-2\ln(x^8+4x^4+5)+3\arctan(x^4+2)\right]+C$；

4. $\frac{1}{2}\ln\left|\tan\frac{x}{2}\right|-\frac{1}{4}\tan^2\frac{x}{2}+C$；　5. $-\frac{1}{2\tan x}-\frac{1}{2\sqrt{2}}\arctan\frac{\tan x}{\sqrt{2}}+C$.

3.3.5. 提示：$\tan^n x=\tan^{n-2}x(\sec^2 x-1)=\tan^{n-2}x\sec^2 x-\tan^{n-2}x$.

习 题 3.4

3.4.1. 1. 12；　2. $\frac{\pi}{8}$；　3. $\frac{2\sqrt{2}}{3}-\frac{\sqrt{3}}{2}$；　4. $n^2\pi$.　**3.4.2.** $\frac{31}{6}$.

3.4.3. $\ln 2$.　**3.4.4.** $\frac{1}{2}\ln^2 x$.　**3.4.5.** 提示：左边积分作换元 $t=1-x$.

3.4.6. 1. $a\ln(a+\sqrt{2}a)-(\sqrt{2}-1)a$；　2. $\frac{16}{35}$；　3. $\frac{5}{16}n\pi$；　4. $2(1-3\mathrm{e}^{-2})$；　5. $2(1-\mathrm{e}^{-1})$.

3.4.7. $\frac{4}{\pi}-1$.　**3.4.9.** 3.

习 题 3.5

3.5.1. 1. $\frac{8}{27}(10\sqrt{10}-1)$；　2. $\ln\left(\mathrm{e}+\frac{1}{\mathrm{e}}\right)$；　3. $\frac{3}{4}+\frac{1}{2}\ln 2$；　4. 4；　5. $\sqrt{2}\left(\mathrm{e}^{\frac{\pi}{2}-1}\right)$；　6. $\frac{3}{2}\pi a$.

3.5.2. 1. $\frac{2(2-\sqrt{2})}{3}$；　2. $2(\sqrt{2}-1)$；　3. 8；　4. $\frac{3}{8}\pi a^2$；　5. $\frac{\pi}{6}+\frac{1}{2}-\frac{\sqrt{3}}{2}$.

3.5.3. $S(a)=\frac{2}{3}a\left(\frac{a+3}{a}\right)^{\frac{3}{2}}$，$S_{\min}(a)=3\sqrt{3}$.　**3.5.4.** $\frac{1000\sqrt{3}}{3}$.

3.5.5. 1. 2π；　2. $6\pi^3a^3$；　3. $2\pi^2a^2b$；　4. 160π.　**3.5.6.** $4\pi-\frac{\pi^2}{2}$；　$6\pi^2$.

3.5.7. 1. $\left(2\sqrt{3}-\frac{2}{3}\right)\pi$；　2. $\frac{12}{5}\pi a^2$.　**3.5.8.** 1. $660\times 9.8\times 10^3\,\mathrm{N}$；　2. 11 m.

3.5.9. $3\times 9.8\times 10^{-2}\,\mathrm{J}$.　**3.5.10.** $\frac{1}{4}\pi R^4\times 9.8\times 10^3\,\mathrm{J}$.

习 题 3.6

3.6.1. 1. $\frac{\pi}{2}$；　2. $\frac{\pi}{4}+\frac{1}{2}\ln 2$；　3. 发散；　4. 1；　5. $\frac{\pi}{3}$；　6. $\frac{\pi}{2}$；　7. π.

提示：7. $x=a,x=b$ 都是被积函数的无穷型间断点, 根号中配方后积分, 或者作换元 $x=a+(b-a)\sin^2 t$.

3.6.2. 当 $k>1$ 时, 收敛于 $\frac{1}{(k-1)(\ln 2)^{k-1}}$；　当 $k\leqslant 1$ 时, 发散.

3.6.3. 1. 收敛；　2. 发散；　3. 收敛；　4. 收敛.

3.6.4. 1. 仅当 $1<p<3$ 时收敛；　2. 仅当 $p<1$ 且 $q<1$ 时收敛.　**3.6.4.** 1. $\frac{3}{128}\sqrt{\pi}$；　2. $\frac{(2n-1)!!}{2^{n+1}}\sqrt{\pi}$.

第三章测试卷

一. 1. $\frac{2}{3}(2\sqrt{2}-1)$；　2. $\left(-\infty,\frac{1}{2}\right)$，$(-\infty,-2)$；　3. $a=\frac{4}{9}$，$b=1$；　4. $2(1+\mathrm{e})$；

5. $-\frac{1}{2}x^2+C$；　6. $-\frac{1}{3}(1-x^2)^{\frac{3}{2}}+C$；　7. 2π；　8. $\frac{\pi}{4}$；　9. $\mathrm{e}-\frac{7}{6}$；　10. π.

二. 1. B；　2. A；　3. D.

三. 1. $\dfrac{2}{\pi}$ (提示：结合夹逼定理及定积分的定义来求极限).

2. (1) $\dfrac{1}{8}\tan^2 4x+\dfrac{1}{4}\ln|\cos 4x|+C$；　(2) $\dfrac{1}{2}\ln^2(\tan x)+C$；

(3) $-\dfrac{1}{2(e^{2x}+1)}+C$；　(4) $\dfrac{(1+x)e^{\arctan x}}{2\sqrt{1+x^2}}+C$.

3. (1) $100\sqrt{2}$；　(2) 2；　(3) $\dfrac{\pi}{2}+\ln(2+\sqrt{3})$；　(4) $\dfrac{\pi}{8}\ln 2$ (提示：令 $x=\tan t$).

4. $\varphi'(x)=\dfrac{xf(x)-\int_0^x f(u)\mathrm{d}u}{x^2}\ (x\neq 0)$，$\varphi'(0)=\dfrac{A}{2}$；$\varphi'(x)$ 在点 $x=0$ 处连续.　5. π^2-2.

四. 1. 最大值为 $\sqrt{2}$，最小值为 $2-\sqrt{2}$ (提示：即求函数 $f(x)$ 在区间 $[0,\pi]$ 上的最值).

3. 提示：对 $f(x)$ 在区间 $[a,x]$ 上用 Lagrange 中值定理.　4. $\dfrac{1}{4a}(e^{4\pi a}-1)$.　5. 1.

6. $a=-5$，$b=6$，$c=0$.　7. $\dfrac{\pi}{6}$，$\dfrac{\pi}{6}(11\sqrt{5}-1)$.　8. $\dfrac{4}{3}\pi R^4\times 10^3\times 9.8\mathrm{J}$.

习　题　4.1

4.1.1. 1. $y=x\arcsin x$ 是特解，$y=x\arcsin Cx$ 是通解；

2. $y=\cos x$ 不是解，$y=\cos x+\sin x+2$ 是特解，$y=C_1\cos x+C_2\sin x+2C_3$ 不是解；

3. $y=e^{x^2}\int_0^x e^{-t^2}\mathrm{d}t+e^{x^2}$ 是特解.

4.1.2. 1. $y''+9y=0$；　2. $x^2y''+xy'-y=0$.

4.1.3. 1. $\arcsin y=\arcsin x+C$；　2. $\tan x\cdot\tan y=C$；　3. $y=x\left(\dfrac{1}{2}x^2+C\right)$；

4. $y=(x+C)e^{-\sin x}$；　5. $x=Ce^{\sin y}-2(1+\sin y)$ (提示：视 y 为自变量).

4.1.4. 1. $y=xe^{Cx}$；　2. $y^2(Cx^2+2x)=1$；　3. $y^2-2x^2+2xy-2y+8x=C$；　4. $x+\cot\dfrac{x-y}{2}=C$；

5. $xy=e^{Cx}$ (提示：作换元 $u=xy$)；　6. $y=\dfrac{\sin x+1}{x^2-1}$；　7. $y=x\sqrt{2(1+\ln x)}$.

4.1.5. 1. $y=\dfrac{1}{6}x^3+\sin x+C_1x+C_2$；　2. $y=-\dfrac{1}{2}x^2-C_1x-C_1^2\ln|C_1-x|+C_2$；

3. $y+C_1\ln|y-C_1|=x+C_2$；　4. $y=\arcsin x$；　5. $y=e^{-x}$.

4.1.7. $\dfrac{1}{v}=\dfrac{F_0}{mv_0^3}s+\dfrac{1}{v_0}$ $\left(提示：m\dfrac{\mathrm{d}v}{\mathrm{d}t}=-kv^3，\ \dfrac{\mathrm{d}v}{\mathrm{d}t}=\dfrac{\mathrm{d}v}{\mathrm{d}s}\dfrac{\mathrm{d}s}{\mathrm{d}t}=v\dfrac{\mathrm{d}v}{\mathrm{d}s}\right)$.

4.1.8. $y=-6x^2+5x+1$ $\left(提示：曲线方程\ y=y(x)\ 满足\ \int_0^x y(t)\mathrm{d}t-\dfrac{y+1}{2}x=x^3\right)$.

4.1.9. $f(x)=2(1-e^{\frac{1}{2}x^2})$.　**4.1.10.** $f(x)=2+Cx$.

4.1.11. $f(x)=2xe^x$ (提示：由导数的定义可得微分方程 $f'(x)=f(x)+2e^x$).

习　题　4.2

4.2.1. 1. 线性无关；　2. 线性相关；　3. 线性无关.

4.2.2. 通解：$y=C_1e^x+C_2e^{-x}$，特解：$y=-\dfrac{1}{2}e^x+\dfrac{3}{2}e^{-x}$.

4.2.3. $y=C_1x+C_2e^x+x^2$.　**4.2.4.** $y=C_1x+C_2x\ln x$.

4.2.5. 1. $y=C_1e^x+C_2e^{-2x}$；　2. $y=e^{-\frac{3}{2}x}(C_1+C_2x)$；　3. $y=e^{-2x}(C_1\cos\sqrt{10}x+C_2\sin\sqrt{10}x)$；

4. $y=\begin{cases} C_1\mathrm{e}^{(-k+\sqrt{k^2-\omega^2})x}+C_2\mathrm{e}^{(-k-\sqrt{k^2-\omega^2})x}, & k^2>\omega^2, \\ (C_1+C_2x)\mathrm{e}^{-kx}, & k^2=\omega^2, \\ \mathrm{e}^{-kx}(C_1\cos\sqrt{\omega^2-k^2}x+C_2\sin\sqrt{\omega^2-k^2}x), & k^2<\omega^2; \end{cases}$

5. $y=C_1+C_2x+(C_3+C_4x)\mathrm{e}^x$.

4.2.6. $y=(1-5x)\mathrm{e}^{5x}$.　　**4.2.7.** $y''+2y'+y=0$.　　**4.2.8.** $y=\cos 3x-\frac{1}{3}\sin 3x$.

4.2.9. 1. $\frac{7}{4}x-\frac{1}{4}x^2$；　2. $\frac{1}{3}x\sin 3x$；　3. $\frac{3}{2}x+\frac{9}{4}+\frac{1}{4}(3\cos 2x-\sin 2x)$；　4. $2x^2-4x+3+4x^2\mathrm{e}^{-2x}$.

4.2.10. 1. $y=(C_1+C_2x)\mathrm{e}^x+\frac{5}{6}x^3\mathrm{e}^x$；　2. $y=\mathrm{e}^{2x}(C_1\cos x+C_2\sin x)-x\mathrm{e}^{2x}\cos x$；

3. $y=C_1\cos x+C_2\sin x+\frac{1}{16}\cos 3x+\frac{1}{4}x\sin x$；

4. $y=\begin{cases} C_1+C_2\mathrm{e}^{ax}-\frac{2}{a}x+\frac{1}{b(b-a)}\mathrm{e}^{bx}, & b\neq a, \\ C_1+C_2\mathrm{e}^{ax}-\frac{2}{a}x+\frac{1}{a}x\mathrm{e}^{ax}, & b=a. \end{cases}$

4.2.11. 1. $y=x\mathrm{e}^{-2x}+\frac{1}{2}x^2\mathrm{e}^{-2x}$；　2. $y=x^2+\frac{1}{2}\mathrm{e}^x-\frac{1}{2}\mathrm{e}^{-x}$.　**4.2.12.** $f(x)=\frac{1}{2}(\cos x+\sin x)+\frac{1}{2}\mathrm{e}^x$.

4.2.13. 1. $y=\frac{1}{x^2}(C_1\cos(3\ln x)+C_2\sin(3\ln x))$；　2. $y=x\ln x+x(C_1\cos(\ln x)+C_2\sin(\ln x))$.

习 题 4.3

4.3.1. 1. $\begin{cases} x=-\frac{3C_1+C_2}{5}\cos t+\frac{C_1-3C_2}{5}\sin t, \\ y=C_1\cos t+C_2\sin t; \end{cases}$　2. $\begin{cases} x=C_1+C_2\mathrm{e}^t+C_3\mathrm{e}^{2t}-\mathrm{e}^{-t}, \\ y=2C_1+C_2\mathrm{e}^t+3\mathrm{e}^{-t}. \end{cases}$

4.3.2. $\begin{cases} x=-\mathrm{e}^{-4t}\sin t, \\ y=(\cos t+\sin t)\mathrm{e}^{-4t}. \end{cases}$

习 题 4.4

4.4.1. $0.04\left(1+2\mathrm{e}^{-\frac{50}{36}}\right)\%\approx 0.06\%$.　**4.4.2.** 方程：$\frac{\mathrm{d}G}{\mathrm{d}t}+aG=b$，解：$G(t)=\frac{b}{a}+\left(G(0)-\frac{b}{a}\right)\mathrm{e}^{-at}$.

4.4.3. $s(t)=\frac{(a-F)P}{b^2g}\left(1-\mathrm{e}^{-\frac{bg}{P}t}\right)+\frac{F-a}{b}t$ （提示：设火车运动 t 秒后距离起点 s 米，则有 $\frac{P}{g}\frac{\mathrm{d}^2s}{\mathrm{d}t^2}=F-a-b\frac{\mathrm{d}s}{\mathrm{d}t}$）.

第四章测试卷

一. 1. $y=x+1$；　2. $\mathrm{e}^x=C\cos y-1$；　3. $y=Cx+x\ln(\ln x)$；

4. $y=C_1\mathrm{e}^{kx}+C_2\mathrm{e}^{-kx}+C_3\cos kx+C_4\sin kx$；　5. $y''-2y'+y=0$；

6. $y=C_1\mathrm{e}^{2x}+C_2\mathrm{e}^{-x}-x\mathrm{e}^{2x}$；　7. $y=2\mathrm{e}^{2x}-\mathrm{e}^x$；　8. $y=C_1x+C_2(x^2-4)$.

二. 1. B；　2. D；　3. D；　4. B.

三. 1. (1) $x=\frac{C}{\ln y}+\frac{\ln y}{2}$；　(2) $x=Cy-y\sin y$；　(3) $\ln\left|\frac{y}{C_1+y}\right|=C_1x+C_2$；

(4) $y=C_1\mathrm{e}^{-2x}+C_2\mathrm{e}^{-5x}+\mathrm{e}^x+\frac{8}{3}x\mathrm{e}^{-5x}$；　(5) $y=x(C_1\ln x+C_2)+x\ln^2 x$；

(6) $y=C_1+C_2\ln x+C_3x^2+C_4x^2\ln x+\frac{1}{64}x^4$.

2. $f(x)=-3+\frac{11}{3}e^{-\frac{x}{2}}+2x+\frac{1}{3}e^{x}$.　　3. $f(x)=\sin x-4\cos x+\cos 2x+3$.

四. 1. $f(x)=\frac{1}{10}\sin x+\frac{3}{10}\cos x$.　　2. $x=y^{n}$.　　3. $y=e^{x}$.

习 题 5.1

5.1.1. 1. 不能;　2. 当 $|\boldsymbol{a}|=1$ 时成立;　3. 不对;　4. 不一定 $\big($提示：$(\lambda\boldsymbol{c})\times\boldsymbol{c}=\boldsymbol{0}$, $\lambda\in\mathbf{R}\big)$;

5. 不一定 $\big($提示：$(\boldsymbol{b}+\lambda\boldsymbol{c})\times\boldsymbol{c}=\boldsymbol{b}\times\boldsymbol{c}$, $\lambda\in\mathbf{R}\big)$.

5.1.2. ±30.　　**5.1.3.** 16.　　**5.1.4.** $-\frac{3}{2}$.

习 题 5.2

5.2.1. $(0,1,-2)$.　　**5.2.2.** $\alpha=3$, $\beta=4$, $\gamma=3$；模长为 $3\sqrt{3}$.　　**5.2.3.** $(-3,7,0)$.

5.2.4. $\{0,0,-1\}$ 或 $\left\{\frac{\sqrt2}{2},\frac{\sqrt2}{2},0\right\}$.　　**5.2.5.** $\pm\left\{\frac{6}{11},\frac{7}{11},-\frac{6}{11}\right\}$.

5.2.6. $\boldsymbol{i}=\frac{5\sqrt3}{12}\boldsymbol{a}^{\circ}+\frac{\sqrt6}{12}\boldsymbol{b}^{\circ}-\frac{3}{4}\boldsymbol{c}^{\circ}$,　$\boldsymbol{j}=\frac{\sqrt3}{3}\boldsymbol{a}^{\circ}-\frac{\sqrt6}{3}\boldsymbol{b}^{\circ}$,　$\boldsymbol{k}=\frac{\sqrt3}{4}\boldsymbol{a}^{\circ}+\frac{\sqrt6}{4}\boldsymbol{b}^{\circ}+\frac{3}{4}\boldsymbol{c}^{\circ}$.

5.2.7. $\arccos\frac{1}{3}$.　　**5.2.8.** $-\frac{28}{13}$.　　**5.2.10.** $m=4$, $n=-1$.　　**5.2.11.** $\pm\frac{1}{\sqrt{35}}\{1,-3,-5\}$.

5.2.12. 5.　　**5.2.14.** $\lambda=\frac{1}{2}$, $\mu=\frac{2}{3}$.　　**5.2.15.** $\lambda=\frac{11}{3}$, $\mu=-2$, $\nu=\frac{1}{3}$.

习 题 5.3

5.3.1. 1. 存在但不唯一；　2. 存在且唯一；　3. 存在且唯一；　4. 存在但不唯一；

5. 存在, 并且仅当两已知点连线与已知直线不平行时才唯一;

6. 仅当两已知点连线与已知直线垂直时才存在并且唯一；

7. 仅当两已知点连线与已知平面平行时才存在并且唯一；

8. 存在, 并且仅当两已知点连线与已知平面不垂直时才唯一.

5.3.2. 1. $3x-7y+5z-66=0$;　2. $2x+3y+z=0$;　3. $2x-y-z=0$;

4. $3x+5y+7z-100=0$;　5. $9y-z-2=0$.

5.3.3. $5x-14y+2z-9=0$ 或 $5x-14y+2z+81=0$.

5.3.4. 1. $\begin{cases}x-2=0,\\ y+3=0;\end{cases}$　2. $\begin{cases}2x-z-3=0,\\ 34x-y-6z+53=0\end{cases}$ 或 $\frac{x+3}{1}=\frac{y-5}{22}=\frac{z+9}{2}$;

3. $\frac{x-1}{1}=\frac{y-2}{2}=\frac{z-3}{-3}$.

5.3.5. $\frac{x}{4}=\frac{y-4}{1}=\frac{z+1}{-3}$.　　**5.3.6.** 0.

5.3.7. 方向余弦为 $\frac{4}{\sqrt{61}}$, $\frac{6}{\sqrt{61}}$, $-\frac{3}{\sqrt{61}}$,　或者为 $-\frac{4}{\sqrt{61}}$, $-\frac{6}{\sqrt{61}}$, $\frac{3}{\sqrt{61}}$.

5.3.8. $\frac{\sqrt6}{2}$.　　**5.3.9.** $\arcsin\frac{3}{133}$.

5.3.11. 交点坐标为 $\left(-\frac{11}{2},-\frac{7}{2},-3\right)$,　平面方程：$2y-z+4=0$.

5.3.12. $d=2\sqrt{29}$;　公垂线方程：$\frac{x+1}{2}=\frac{y+1}{3}=\frac{z+1}{4}$.　　**5.3.13.** $15x-3y-26z-6=0$.

5.3.14. $7x-26y+18z+15=0$.　　**5.3.15.** $(8\pm4\sqrt2)x-(4\pm4\sqrt2)y+(4\pm4\sqrt2)z-5\mp8\sqrt2=0$.

习 题 5.4

5.4.1. 1. $4x^2-9y^2+4z^2=36$； 2. $y^2+z^2=5x$.

5.4.2. 1. 椭球面； 2. 椭圆抛物面； 3. 锥面； 4. 旋转抛物面.

5.4.3. $x^2+2y^2=16$. **5.4.4.** $\begin{cases} x^2+y^2-x-1=0, \\ z=0. \end{cases}$ **5.4.5.** $\dfrac{x^2}{4}+\dfrac{y^2}{9}-(x+2)^2=1$.

5.4.6. $16x^2+16y^2+8(3y-2x)(z-1)+13(z-1)^2=144$.

5.4.7. $(x-1)^2+y^2-z^2=0$. **5.4.8.** $\begin{cases} x-2y+z+2=0, \\ x+y+z=0. \end{cases}$

5.4.9. $x^2+y^2-2\left(z-\dfrac{1}{2}\right)^2=\dfrac{1}{2}$. **5.4.10.** $x+y-2z=0$ 及 $x-y+1=0$.

5.4.11. $3x^2-5y^2+7z^2-6xy+10xz-2yz-4x+4y-4z+4=0$.

5.4.12. 圆心为 $(0,0,0)$，半径为 5 $\left(提示：曲线的一般方程为 \begin{cases} x^2+y^2+z^2=5^2, \\ 4x-3y=0 \end{cases}\right)$.

5.4.13. $z=\dfrac{x^2}{a^2}-\dfrac{y^2}{b^2}$.

第五章测试卷

一. 1. ± 1; 2. -7; 3. $\left\{-2,-\dfrac{8}{3},-\dfrac{2}{3}\right\}$; 4. 14; 5. $(0,0,0)$; 6. $x-3y-z+4=0$;

7. $x-y+z=0$; 8. -1; 9. 3; 10. $z^2+x^2-1=2y$; 11. $\sqrt{5}$; 12. $\dfrac{\pi}{3}$.

二. 1. D； 2. D； 3. C； 4. A； 5. D； 6. D.

三. 1. $\{0,-1,-1\}$； 2. $\dfrac{5\sqrt{3}}{2}$； 3. $x+2y+1=0$； 4. $\dfrac{2}{3}\sqrt{3}$； 5. $\lambda=\dfrac{5}{4}$；

6. $\dfrac{x+1}{16}=\dfrac{y}{19}=\dfrac{z-4}{28}$； 7. $3x-4y-5=0$ 及 $387x-164y-24z-421=0$；

8. $\begin{cases} x^2+y^2=x+y, \\ z=0, \end{cases}$ $\begin{cases} 2y^2+2yz+z^2-4y-3z+2=0, \\ x=0, \end{cases}$ $\begin{cases} 2x^2+2xz+z^2-4x-3z+2=0, \\ y=0; \end{cases}$

9. $\begin{cases} (x-1)^2+y^2\leqslant 1, \\ z=0, \end{cases}$ $\begin{cases} \left(\dfrac{z^2}{2}-1\right)^2+y^2\leqslant 1,\quad z\geqslant 0, \\ x=0, \end{cases}$ $\begin{cases} x\leqslant z\leqslant \sqrt{2x}, \\ y=0. \end{cases}$

四. 1. $\dfrac{\sqrt{3}}{3}$； 2. 提示：$\boldsymbol{c}=|\boldsymbol{a}||\boldsymbol{b}|\left(\dfrac{\boldsymbol{a}}{|\boldsymbol{a}|}+\dfrac{\boldsymbol{b}}{|\boldsymbol{b}|}\right)$；

3. $2(x+y)^2+2z(z+2)=1$； 4. $2x+y+2z+2\sqrt[3]{3}=0$ 或 $2x+y+2z-2\sqrt[3]{3}=0$；

5. $2y-z+4=0$； 6. $\dfrac{x-2}{-2}=\dfrac{y-3}{1}=\dfrac{z+16}{-16}$， $\dfrac{x}{-2}=\dfrac{y-2}{-1}=\dfrac{z+8}{8}$.

习 题 6.1

6.1.1. 1. 开集， 内部：$\{(x,y)|\ x^2+y^2>2\}$， 边界：$\{(x,y)|\ x^2+y^2=2\}$， 闭包：$\{(x,y)|\ x^2+y^2\geqslant 2\}$；

2. 开集， 内部：$\{(x,y)|\ x^2+y^2<1,\ y^2<x\}$，

边界：$\left\{(x,y)|\ x^2+y^2=1 且 \dfrac{-1+\sqrt{5}}{2}\leqslant x\leqslant 1, y^2=x 且 0\leqslant x\leqslant \dfrac{-1+\sqrt{5}}{2}\right\}$，

闭包：$\{(x,y)|\ x^2+y^2\leqslant 1,\ y^2\leqslant x\}$；

3. 闭集， 内部：$\emptyset$， 边界：$\{\boldsymbol{x}\in\mathbf{R}^2|\ \|\boldsymbol{x}\|=1\}$， 闭包：$\{\boldsymbol{x}\in\mathbf{R}^2|\ \|\boldsymbol{x}\|=1\}$.

6.1.2. 1. $\{(x,y)|x-y<1,\ x+2y\geqslant 1\}$; 2. $\{(x,y)|-x^2+y^2+z^2>1\}$;

3. $\{(x,y,z)|\ |z|\leqslant\sqrt{x^2+y^2},\ (x,y)\neq(0,0)\}$.

6.1.3. $f(x,y)=\dfrac{x^2(1-y)}{1+y}$. **6.1.4.** $V(x,y)=xy\sqrt{4-x^2-y^2},\ (x,y)\in\{(x,y)|x>0,y>0,x^2+y^2<4\}$.

习 题 6.2

6.2.1. 2. 提示：可将 (x,y) 限定在点 $(2,1)$ 的某个邻域中, 比如不妨设 (x,y) 满足 $\sqrt{(x-2)^2+(y-1)^2}<1$.

6.2.2. 1. $\dfrac{\pi}{2}\leqslant\varphi\leqslant\dfrac{3}{2}\pi$; 2. $\dfrac{\pi}{4}<\varphi<\dfrac{3}{4}\pi$ 或 $\dfrac{5}{4}\pi<\varphi<\dfrac{7}{4}\pi$ 或 $\varphi=0,\ \pi$.

6.2.4. 提示：由多元函数极限的定义即可得证.

6.2.5. 1. 0; 2. 2; 3. 0; 4. $\ln 2$; 5. 0; 6. 0.

6.2.6. 1. 在 $\{(x,y,z)|xy\neq z\}$ 连续; 2. 在 $(0,0)$ 点及 $\{(x,y)|x\in\mathbf{R},y\neq 0\}$ 连续;

3. 在 $\{(x,y)|(x,y)\neq(0,0)\}$ 连续; 4. 在 $\{(x,y)|(x,y)\neq(0,0)\}$ 连续.

6.2.7. 提示：对任意的 $(x_0,y_0)\in G$, 有 $|f(x,y)-f(x_0,y_0)|\leqslant|f(x,y)-f(x_0,y)|+|f(x_0,y)-f(x_0,y_0)|$.

习 题 6.3

6.3.1. 1. $\dfrac{\partial z}{\partial x}=2x\ln(x^2+y^2)+\dfrac{2x^3}{x^2+y^2}$, $\dfrac{\partial z}{\partial y}=\dfrac{2x^2y}{x^2+y^2}$; 2. $\dfrac{\partial z}{\partial x}=\dfrac{1}{1+x^2}$, $\dfrac{\partial z}{\partial y}=\dfrac{1}{1+y^2}$;

3. $\dfrac{\partial z}{\partial x}=-\dfrac{1}{y}\mathrm{e}^{-\frac{x}{y}}$, $\dfrac{\partial z}{\partial y}=\dfrac{x}{y^2}\mathrm{e}^{-\frac{x}{y}}$; 4. $\dfrac{\partial z}{\partial x}=\dfrac{1}{\sqrt{x^2+y^2}}$, $\dfrac{\partial z}{\partial y}=\dfrac{y}{\sqrt{x^2+y^2}(x+\sqrt{x^2+y^2})}$;

5. $\dfrac{\partial z}{\partial x}=\sqrt{y}-\dfrac{1}{3}x^{-\frac{4}{3}}y$, $\dfrac{\partial z}{\partial y}=\dfrac{1}{2}xy^{-\frac{1}{2}}+x^{-\frac{1}{3}}$;

6. $\dfrac{\partial u}{\partial x}=\dfrac{y}{z}x^{\frac{y}{z}-1}$, $\dfrac{\partial u}{\partial y}=\dfrac{1}{z}x^{\frac{y}{z}}\ln x$, $\dfrac{\partial u}{\partial z}=-\dfrac{y}{z^2}x^{\frac{y}{z}}\ln x$;

7. $\dfrac{\partial u}{\partial\varphi}=\mathrm{e}^{\varphi-\theta}(\cos(\theta+\varphi)-\sin(\theta+\varphi))$, $\dfrac{\partial u}{\partial\theta}=-\mathrm{e}^{\varphi-\theta}(\cos(\theta+\varphi)+\sin(\theta+\varphi))$.

6.3.2. 1. $f_x(0,1)=1$, $f_y(0,1)=0$, $f_x(1,0)=0$, $f_y(1,0)=0$;

2. $f_x(0,1)=3\ln 2$, $f_y(0,\mathrm{e}^{-2})=\mathrm{e}^2$; 3. $f_x(0,1)=1$, $f_y(0,1)=1$ (提示：用偏导数的定义求解).

6.3.3. $\dfrac{\pi}{4}$. **6.3.4.** $f_x(0,0)$ 不存在, $f_y(0,0)=0$.

6.3.5. 1. $-2a^2\cos(2ax-2by)$, $2ab\cos(2ax-2by)$; 2. 0.

6.3.7. $f_{xy}(0,0)=-1$, $f_{yx}(0,0)=1$. **6.3.8.** $\Delta z=-\dfrac{5}{42}$, $\mathrm{d}z=-\dfrac{5}{40}$.

6.3.9. 1. $\mathrm{d}u\big|_{(0,0)}=0$, $\mathrm{d}u\big|_{(1,1)}=-4\mathrm{d}x-4\mathrm{d}y$; 2. $\mathrm{d}u\big|_{(\frac{1}{n},\frac{1}{n},\cdots,\frac{1}{n})}=\dfrac{2}{n}\mathrm{d}x_1+\dfrac{2}{n}\mathrm{d}x_2+\cdots+\dfrac{2}{n}\mathrm{d}x_n$;

3. $\mathrm{d}u=yx^{y-1}\mathrm{d}x+x^y\ln x\mathrm{d}y$; 4. $\mathrm{d}u=\dfrac{2}{x^2+y^2+z^2}(x\mathrm{d}x+y\mathrm{d}y+z\mathrm{d}z)$.

6.3.10. 在 $(0,0)$ 处连续, 两个偏导数都存在, 不可微. **6.3.12.** 0, 0.

习 题 6.4

6.4.1. 1. $-\mathrm{e}^{-t}-\mathrm{e}^t$; 2. $\dfrac{(1+t)\mathrm{e}^t}{1+t^2\mathrm{e}^{2t}}$; 3. $\sec^2\left(2t+\dfrac{2}{t^2}\right)\left(2-\dfrac{4}{t^3}\right)$.

6.4.2. 1. $\dfrac{\partial z}{\partial x}=-\dfrac{y}{x^2+y^2}$, $\dfrac{\partial z}{\partial y}=\dfrac{x}{x^2+y^2}$; 2. $\dfrac{\partial z}{\partial x}=2xf'$, $\dfrac{\partial z}{\partial y}=-4yf'$;

3. $\frac{\partial z}{\partial x}=2xf+x^2ye^{xy}f_1+2x^3f_2$, $\frac{\partial z}{\partial y}=x^3e^{xy}f_1-2x^2yf_2$.

6.4.3. 1. $\frac{\partial^2 u}{\partial x^2}=4x^2f''+2f'$, $\frac{\partial^2 u}{\partial y^2}=4y^2f''+2f'$, $\frac{\partial^2 u}{\partial z^2}=4z^2f''+2f'$,

$\frac{\partial^2 u}{\partial x\partial y}=4xyf''$, $\frac{\partial^2 u}{\partial x\partial z}=4xzf''$, $\frac{\partial^2 u}{\partial y\partial z}=4yzf''$;

2. $\frac{\partial^2 z}{\partial x^2}=f_{11}+\frac{2}{y}f_{12}+\frac{1}{y^2}f_{22}$, $\frac{\partial^2 z}{\partial x\partial y}=-\frac{x}{y^2}f_{12}-\frac{x}{y^3}f_{22}-\frac{1}{y^2}f_2$, $\frac{\partial^2 z}{\partial y^2}=\frac{x^2}{y^4}f_{22}+\frac{2x}{y^3}f_2$.

6.4.5. $\frac{\partial z}{\partial x}=2xyf$, $\frac{\partial^2 z}{\partial x\partial y}=2xf+2x^3y(f_1+e^{x^2y}f_2)$.

6.4.6. 1. $\frac{\partial z}{\partial x}=\frac{yz-\sqrt{xyz}}{\sqrt{xyz}-xy}$, $\frac{\partial z}{\partial y}=\frac{xz-2\sqrt{xyz}}{\sqrt{xyz}-xy}$; 2. $\frac{\partial z}{\partial x}=\frac{z^2}{2y-3xz}$, $\frac{\partial z}{\partial y}=\frac{z}{3xz-2y}$.

6.4.7. 1. $dz=-\frac{f_1+f_3}{f_2+f_3}dx-\frac{f_1+f_2}{f_2+f_3}dy$; 2. $\frac{\partial z}{\partial x}=-\frac{F_1+F_2+F_3}{F_3}$, $\frac{\partial z}{\partial y}=-\frac{F_2+F_3}{F_3}$;

3. $dz=-\frac{yf_1}{f_2-1}dx+\frac{xf_1-f_2}{1-f_2}dy$, $\frac{\partial^2 z}{\partial x^2}=\frac{y^2}{(1-f_2)^3}(f_{11}(1-f_2)^2+f_1(1-f_2)(f_{12}+f_{21})+f_1^2f_{22})$.

6.4.9. 1. $\frac{dy}{dx}=-\frac{y(x-z)}{x(y-z)}$; 2. $\frac{\partial u}{\partial x}=\frac{f_1u(1-2g_2yv)-f_2g_1}{(1-xf_1)(1-2g_2yv)-f_2g_1}$, $\frac{\partial v}{\partial x}=\frac{f_1ug_1-g_1(1-xf_1)}{(1-xf_1)(1-2g_2yv)-f_2g_1}$;

3. $\frac{\partial u}{\partial x}=\frac{2v+yu}{4uv-xy}$, $\frac{\partial v}{\partial x}=\frac{-x-2u^2}{4uv-xy}$, $\frac{\partial u}{\partial y}=-\frac{y+2v^2}{4uv-xy}$, $\frac{\partial v}{\partial y}=\frac{2u+xv}{4uv-xy}$.

6.4.10. $\frac{\partial u}{\partial x}=f_1$, $\frac{\partial u}{\partial y}=f_2+\frac{f_4h_1-f_3h_2}{g_2h_2-h_1g_3}g_1$.

6.4.11. 提示：方程 $f(tx,ty,tz)=t^nf(x,y,z)$ 两边同时对 t 求导.

6.4.13. $f_{xx}(ax,bx)=\frac{2b}{a}x$, $f_{xy}(ax,bx)=0$, $f_{yy}(ax,bx)=-\frac{2a}{b}x$.

习 题 6.5

6.5.1. 1. $1\pm\sqrt{3}$; 2. $\frac{64}{3}$. **6.5.2.** $\frac{1}{2}$.

6.5.3. 沿任何方向 $\boldsymbol{l}=\{\cos\alpha,\cos\beta\}$ 的方向导数都存在, 值为 $\cos\alpha\cos\beta$.

6.5.4. $\pm\frac{\sqrt{2}}{3}$ (提示：平面曲线 $y=y(x)$ 的切线方向为 $\pm\{1,y'\}$). **6.5.5.** 4, -8.

6.5.6. 1. $\left\{\frac{yz(y+z)}{(x+y+z)^2},\frac{xz(x+z)}{(x+y+z)^2},\frac{xy(x+y)}{(x+y+z)^2}\right\}$; 2. $\left\{\frac{1}{2},\frac{3}{2},\frac{1}{2}\right\}$.

6.5.7. 方向导数：$\cos\alpha\pm\sin\alpha$; $\left\{\frac{\sqrt{2}}{2},\frac{\sqrt{2}}{2}\right\}$, $\left\{-\frac{\sqrt{2}}{2},-\frac{\sqrt{2}}{2}\right\}$, $\left\{-\frac{\sqrt{2}}{2},\frac{\sqrt{2}}{2}\right\}$ 或 $\left\{\frac{\sqrt{2}}{2},-\frac{\sqrt{2}}{2}\right\}$.

6.5.8. 1. $xy=z^2$; 2. $x=y=0$ 及 $x=y=z$; 3. $x=y=z$.

6.5.9. $\nabla u=-\frac{1}{r^2}\{x-a,y-b,z-c\}$, 在球面 $(x-a)^2+(y-b)^2+(z-c)^2=1$ 上各点处 $\|\nabla u\|=1$.

6.5.10. 1. $(3\sqrt{3}\pm4)\,^\circ\mathrm{C/m}$; 2. 方向：$\{6,8\}$, 最大值：$10\,^\circ\mathrm{C/m}$.

习 题 6.6

6.6.1. 1. $1+(x-1)+(y+1)+\frac{1}{2!}((x-1)+(y+1))^2++o\left((x-1)^2+(y-1)^2\right)$;

2. $5+2(x-1)^2-(x-1)(y+2)-(y+2)^2$.

6.6.2. 1. $z\left(\frac{a}{3},\frac{a}{3}\right)=\frac{a^3}{27}$, 当$a>0$时, 为极大值；当$a<0$时, 为极小值；当$a=0$时, 不是极值点.

2. 极大值：$z(0,0)=1$．　3. 极小值：$z\left(\frac{1}{2},-1\right)=-\frac{\mathrm{e}}{2}$．

6.6.3. 1. 当$x=1, y=-1$时，有极小值$z_1=-6$及极大值$z_2=2$；

2. 极小值：$z=-(4+2\sqrt{6})$，极大值：$z=2\sqrt{6}-4$．

6.6.5. 1. 最大值：4，最小值：-4；　2. 最大值：1，最小值：0；　3. 最大值：$1+\sqrt{2}$, 最小值：$-\frac{1}{2}$．

6.6.6. $\frac{7\sqrt{2}}{8}$．　**6.6.7.** 最长距离：$\sqrt{9+5\sqrt{3}}$，最短距离：$\sqrt{9-5\sqrt{3}}$．

6.6.8. $(1,0,0)$，$(0,1,0)$，$(-1,0,0)$ 或 $(0,-1,0)$．　**6.6.9.** 最大值：$\ln(3\sqrt{3}r^5)$．

6.6.10. 最长距离：$\sqrt{2}$, 最短距离：1．

6.6.11. $\sqrt{34}$ $\Big($提示：$z=\sqrt{(x+3)^2+(y-1)^2+(0-2)^2}+\sqrt{(x-1)^2+(y+2)^2+(0+1)^2}$, 求点$P(x,y,0)$到$A(-3,1,2)$和$B(1,-2,-1)$的距离之和的最小值, 利用几何知识求解$\Big)$.

6.6.12. 1. $\{y_0-2x_0,\ x_0-2y_0\}$，$g(x_0,y_0)=\sqrt{5x_0^2+5y_0^2-8x_0y_0}$；　2. $(5,-5)$ 或 $(-5,5)$．

习　题　6.7

6.7.1. 1. $\begin{pmatrix}\sin y & x\cos y\\ 2(x-y) & -2(x-y)\\ 0 & 4y\end{pmatrix}$, $\begin{pmatrix}\frac{\sqrt{2}}{2} & 0\\ -\frac{\pi}{2} & \frac{\pi}{2}\\ 0 & \pi\end{pmatrix}$；　2. $\begin{pmatrix}2x & 1 & 0\\ y\mathrm{e}^{x+z} & \mathrm{e}^{x+z} & y\mathrm{e}^{x+z}\end{pmatrix}$, $\begin{pmatrix}2 & 1 & 0\\ 0 & \mathrm{e}^2 & 0\end{pmatrix}$.

习　题　6.8

6.8.1. 1. 切线：$\frac{x-\frac{\pi}{2}+1}{1}=\frac{y-1}{1}=\frac{z-2\sqrt{2}}{\sqrt{2}}$，法平面：$x+y+\sqrt{2}z=\frac{\pi}{2}+4$；

2. 切线：$\frac{x-1}{1}=\frac{y-1}{1}=\frac{z-1}{2}$，法平面：$x+y+2z=4$；

3. 切线：$\frac{x-1}{0}=\frac{y}{1}=\frac{z-1}{0}$，法平面：$y=0$．

6.8.3. $-\frac{16}{243}$．

6.8.4. 1. 切平面：$9x+y-z-27=0$，法线：$\frac{x-3}{9}=\frac{y-1}{1}=\frac{z-1}{-1}$；

2. 切平面：$z=\frac{\pi}{4}-\frac{1}{2}(x-y)$，法线：$\frac{x-1}{1}=\frac{y-1}{-1}=\frac{z-\frac{\pi}{4}}{2}$；

3. 切平面：$a\sin v_0x-a\cos v_0y+u_0z-au_0v_0=0$，法线：$\frac{x-u_0\cos v_0}{a\sin v_0}=\frac{y-u_0\sin v_0}{-a\cos v_0}=\frac{z-av_0}{u_0}$．

6.8.5. $x+4y+6z=\pm 21$．　**6.8.6.** $x+y=\frac{1}{2}(1\pm\sqrt{2})$．

6.8.7. 切线：$\frac{x-1}{16}=\frac{y-1}{9}=\frac{z-1}{-1}$，法平面：$16x+9y-z-24=0$．　**6.8.11.** 5．

6.8.12. 1. 2；　2. 1；　3. $\frac{1}{4a|\sin\frac{t_0}{2}|}$．　**6.8.13.** $\left(\frac{1}{\sqrt{2}},\ \ln\frac{1}{\sqrt{2}}\right)$，$\frac{3\sqrt{3}}{2}$．

6.8.14. $(x+2)^2+(y-3)^2=8$.　　**6.8.15.** 曲率 $\kappa=\dfrac{\sqrt{21}}{3}$，挠率 $\tau=0$.

6.8.16 曲率 $\kappa(t)=\dfrac{a}{a^2+b^2}$，Frenet 标架中 $\boldsymbol{T}(t)=\dfrac{1}{\sqrt{a^2+b^2}}\{-a\sin t,a\cos t,b\}$, $\boldsymbol{N}(t)=\{\cos t,\sin t,0\}$,

$\boldsymbol{B}(t)=\dfrac{1}{a\sqrt{a^2+b^2}}\{ab\sin t,-ab\cos t,a^2\}$.

第六章测试卷

一. 1. $\left\{(x,y)|\,x^2+y^2=\left(k+\dfrac{1}{2}\right)\pi,k\in\mathbb{Z}\right\}$;　2. 1;　3. -0.2;　4. $\left(1+\dfrac{\pi}{2}\right)\mathrm{d}x-\mathrm{d}y$;

5. $\mathrm{d}x-\sqrt{2}\mathrm{d}y$;　6. $\dfrac{\varphi_1}{2\varphi_1-\varphi_2}$;　7. 3;　8. $\left\{\dfrac{1}{2},\dfrac{3}{2},\dfrac{1}{2}\right\}$;

9. 3;　10. $\{4,5\}$;　11. $\dfrac{x-1}{2}=\dfrac{y+2}{-3}=\dfrac{z-1}{4}$;　12. $x+y-2=0$.

二. 1. C;　2. A;　3. D;　4. B;　5. C;　6. C;　7. D.

三. 1. 0.　2. $\dfrac{\mathrm{d}u}{\mathrm{d}x}=f_1+\cos xf_2-\dfrac{2x\varphi_1+\cos x\mathrm{e}^y\varphi_2}{\varphi_3}f_3$.　3. $2x$.　4. $\dfrac{\partial^2 z}{\partial x^2}=f''$,　$\dfrac{\partial^2 z}{\partial y^2}=f''(\varphi')^2+f'\varphi''$.

5. $\dfrac{\partial^2 F}{\partial x^2}=-6x\mathrm{e}^{-3x^2}$,　$\dfrac{\partial^2 F}{\partial x\partial y}=0$,　$\dfrac{\partial^2 F}{\partial y^2}=6y\mathrm{e}^{-3y^2}$.　6. $\dfrac{2\sqrt{3}}{25}$.　7. $f(x,y)=\dfrac{1}{2}x^2y+\dfrac{1}{2}xy^2+x^2+y$.

四. 3. 最小值：$\dfrac{1}{\alpha}+\dfrac{1}{\beta}$.　5. $\left(\dfrac{1}{\sqrt{3}},\dfrac{2}{\sqrt{3}},\dfrac{2}{\sqrt{3}}\right)$.　6. $x=\dfrac{ma}{m+n+p}$,　$y=\dfrac{na}{m+n+p}$,　$z=\dfrac{pa}{m+n+p}$.

7. $x\mathrm{d}y-2y\mathrm{d}x=0$,　$y=\dfrac{1}{8}x^2\ (0\leqslant x\leqslant 4)$.　8. (2) $f(u)=\ln u$.

9. 提示：设 $\varphi(t)=f(tx,ty)\ (0\leqslant t\leqslant 1)$，验证当 $t\neq 0$ 时 $\varphi'(t)=0$.

习 题 7.1

7.1.1. 1. (1) $\displaystyle\iint\limits_D(x+y)^2\mathrm{d}\sigma\geqslant\iint\limits_D(x+y)^3\mathrm{d}\sigma$,　(2) $\displaystyle\iint\limits_D(x+y)^2\mathrm{d}\sigma\leqslant\iint\limits_D(x+y)^3\mathrm{d}\sigma$.

提示：(2) $x+y=1$ 是曲线 $(x-2)^2+(y-1)^2=2$ 在 $(1,0)$ 处的切线，或考虑函数 $f=x+y$ 在 D 上的最小值.

2. $\displaystyle\iint\limits_\Sigma(x^2+y^2+z^2)\mathrm{d}S\geqslant\iint\limits_\Sigma(x^4+y^4+z^4)\mathrm{d}S$.

7.1.2. 1. $0\leqslant I\leqslant 2$;　2. $30\pi\leqslant I\leqslant 75\pi$.

7.1.3. 提示：此结论为二重积分中值定理，可参考定积分中值定理证明.　**7.1.4.** $\dfrac{4}{3}\pi f(x_0,y_0,z_0)$.

习 题 7.2

7.2.1. 1. $\displaystyle\int_1^3\mathrm{d}x\int_x^{3x}f(x,y)\mathrm{d}y$,　$\displaystyle\int_1^3\mathrm{d}y\int_1^y f(x,y)\mathrm{d}x+\int_3^9\mathrm{d}y\int_{\frac{y}{3}}^3 f(x,y)\mathrm{d}x$;

2. $\displaystyle\int_{-\sqrt{2}}^{\sqrt{2}}\mathrm{d}x\int_{x^2}^{4-x^2}f(x,y)\mathrm{d}y$,　$\displaystyle\int_0^2\mathrm{d}y\int_{-\sqrt{y}}^{\sqrt{y}}f(x,y)\mathrm{d}x+\int_2^4\mathrm{d}y\int_{-\sqrt{4-y}}^{\sqrt{4-y}}f(x,y)\mathrm{d}x$;

3. $\displaystyle\int_0^\pi\mathrm{d}x\int_0^{\sin x}f(x,y)\mathrm{d}y$,　$\displaystyle\int_0^1\mathrm{d}y\int_{\arcsin y}^{\pi-\arcsin y}f(x,y)\mathrm{d}x$.

7.2.2. 1. $\displaystyle\int_0^1\mathrm{d}y\int_{\mathrm{e}^y}^{\mathrm{e}}f(x,y)\mathrm{d}x$;　2. $\displaystyle\int_0^1\mathrm{d}y\int_{\sqrt{y}}^{3-2y}f(x,y)\mathrm{d}x$;

3. $\displaystyle\int_0^1\mathrm{d}y\int_{-\sqrt{1-y}}^{\sqrt{1-y}}f(x,y)\mathrm{d}x+\int_{-1}^0\mathrm{d}y\int_{-\sqrt{1-y^2}}^{\sqrt{1-y^2}}f(x,y)\mathrm{d}x$;　4. $\displaystyle\int_0^1\mathrm{d}y\int_{1-\sqrt{1-y^2}}^{2-y}f(x,y)\mathrm{d}x$.

7.2.3. 1. $\frac{1}{24}$； 2. $\frac{9}{4}$； 3. $\frac{\pi}{2}+\frac{5}{3}$； 4. $\frac{1}{2}\left(1-\frac{1}{\mathrm{e}}\right)$.

7.2.4. 1. $\int_0^{\frac{\pi}{4}}\mathrm{d}\varphi\int_0^{\frac{2}{\cos\varphi}}f(\rho)\rho\mathrm{d}\rho$； 2. $\int_0^{\frac{\pi}{2}}\mathrm{d}\varphi\int_{\frac{1}{\sin\varphi+\cos\varphi}}^{1}f(\rho\cos\varphi,\rho\sin\varphi)\rho\mathrm{d}\rho$.

7.2.5. 1. $\frac{\pi}{2}\ln 2-\frac{\pi}{4}$； 2. $-6\pi^2$； 3. $\frac{45}{2}\pi$； 4. $\frac{41}{2}\pi$.

7.2.6. 1. $\frac{1-\cos 1}{2}$； 2. 2； 3. $\frac{1}{4}\left(1-\frac{1}{\mathrm{e}}\right)$.

7.2.7. 1. $\frac{a^4}{3}$； 2. $-\frac{2}{5}$.

7.2.8. 1. $\frac{\pi}{4}$； 2. $\frac{2\pi}{3}$； 3. $\frac{1}{6}$.

7.2.9. 1. $\frac{3}{2}\pi a^2$； 2. $\frac{\pi}{4}a^2$； 3. $\frac{3}{4}\pi a^2$.

7.2.10. 提示：1. 交换积分次序； 2. 利用二重积分的积分区域关于直线 $y=x$ 对称的结论(类似于轮换对称性)证明.

7.2.11. 提示：由轮换对称性有 $\iint\limits_D f^2(x)\mathrm{d}\sigma=\iint\limits_D f^2(y)\mathrm{d}\sigma=(b-a)\int_a^b f^2(x)\mathrm{d}x$.

7.2.12. 提示：不等式左边可化为 $\iint\limits_D\frac{f(x)}{f(y)}\mathrm{d}\sigma$, 其中 $D=\{(x,y)|\,a\leqslant x\leqslant b,a\leqslant y\leqslant b\}$, 再用轮换对称性可证.

7.2.13. 1. $\frac{3}{4}a^4$； 2. e^2-1.

习 题 7.3

7.3.1. 1. $\int_0^1\mathrm{d}x\int_0^{1-x}\mathrm{d}y\int_0^{1-x-y}f(x,y,z)\mathrm{d}z$； 2. $\int_{-1}^1\mathrm{d}x\int_{1-\sqrt{2-2x^2}}^{1+\sqrt{2-2x^2}}\mathrm{d}y\int_{\sqrt{2(x^2+y^2)}}^{y+1}f(x,y,z)\mathrm{d}z$；

3. $\int_{-\frac{1}{2}}^{\frac{1}{2}}\mathrm{d}x\int_{-\sqrt{1-4x^2}}^{\sqrt{1-4x^2}}\mathrm{d}y\int_{3x^2+y^2}^{1-x^2}f(x,y,z)\mathrm{d}z$； 4. $\int_0^1\mathrm{d}x\int_0^{\sqrt{1-x^2}}\mathrm{d}y\int_0^{xy}f(x,y,z)\mathrm{d}z$.

7.3.2. 1. $-\frac{9}{8}$； 2. $\frac{\pi^2}{16}-\frac{1}{2}$； 3. $\frac{59}{480}\pi R^5$； 4. $\pi^3-4\pi$.

7.3.3. 1. $\frac{8}{9}a^2$； 2. $\frac{15}{4}\pi$； 3. $\frac{13}{4}\pi$； 4. $\pi\left(\ln 2-2+\frac{\pi}{2}\right)$.

7.3.4. 1. $\frac{8}{5}\pi$； 2. $\frac{7}{6}\pi a^4$.

7.3.5. 1. $\frac{1}{48}a^2b^2c^2$； 2. $\frac{4\pi abc}{15}(a^2+b^2+c^2)$； 3. $\frac{1}{20160}$ (提示：作换元 $u=x,v=y,w=1-x-y-z$).

7.3.6. 1. $\frac{\pi}{12}$； 2. $\frac{486}{5}(\sqrt{2}-1)\pi$； 3. $\left(\frac{7}{6}-\frac{2\sqrt{2}}{3}\right)\pi$.

7.3.7. $\int_0^{\pi}\mathrm{d}\varphi\int_0^{\sin\varphi}\rho\mathrm{d}\rho\int_0^{\sqrt{3}\rho}f(\sqrt{\rho^2+z^2})\mathrm{d}z$, $\int_0^{\pi}\mathrm{d}\varphi\int_{\frac{\pi}{6}}^{\frac{\pi}{2}}\mathrm{d}\theta\int_0^{\frac{\sin\varphi}{\sin\theta}}f(r)r^2\sin\theta\mathrm{d}r$.

7.3.8. 1. $\frac{40}{3}$； 2. $\frac{38\sqrt{2}}{3}\pi$； 3. $\frac{2}{3}\arctan a$； 4. $2\pi-\frac{8}{3}$.

7.3.9. $4\pi t^2f(t^2)$.

7.3.10. $2\pi ht\left(\frac{h^2}{3}+f(t^2)\right)$, $\pi h\left(\frac{h^2}{3}+f(0)\right)$.

7.3.11. 提示：先求抛物面上任一点 (x_0,y_0,z_0) 处的切平面, 再用坐标面投影法求得体积为 $\frac{\pi}{2}$, 其中在求二重积分时可作换元 $u=x-x_0,v=y-y_0$.

习 题 7.4

7.4.1. 1. $\left(\frac{1}{y}+\frac{1}{2+y}\right)\sin y(2+y)-\left(\frac{1}{y}+\frac{1}{1+y}\right)\sin y(1+y)$； 2. $3f(x)+2xf'(x)$.

7.4.2. $\frac{\pi}{8}\ln 2$.

7.4.3. $\ln\frac{b}{a}$.

7.4.4. 1. $\frac{\pi}{2}$； 2. $\frac{\pi}{2}$.

习 题 7.5

7.5.1. 1. $\frac{4}{3}(2\sqrt{2}-1)$; 2. $2a^2$; 3. $2\sqrt{2}a^2$; 4. $\frac{\sqrt{2}}{2}(e^{a^2}-1)+\sqrt{2}a^2e^{a^2}$; 5. $2\sqrt{2}\pi$.

提示：5. $\frac{\partial f}{\partial \boldsymbol{n}}$ 表示函数 f 沿方向 $\boldsymbol{n}$ 的方向导数, 原积分可化为 $\oint_L \frac{4x^2+2y^2-8x}{\sqrt{4x^2+y^2}}ds$.

7.5.2. 4.

7.5.3. 1. $\sqrt{2}\pi$; 2. $\frac{\pi}{2}a^2$; 3. $\sqrt{7}\pi$; 4. $(\pi-2)a^2$.

7.5.4. 1. 243π; 2. $\frac{1+\sqrt{2}}{2}\pi$.

7.5.5. 1. $\frac{64}{15}\sqrt{2}a^4$; 2. $\frac{4}{3}\pi(a+b+c)$; 3. $2\pi\arctan\frac{H}{R}$;

4. $\left(\frac{\pi}{4}+\frac{28}{9}\right)a^4$; 5. $F(t)=\begin{cases}0, & |t|>\sqrt{3},\\ \pi\left(1-\frac{t^2}{3}\right)e^t, & |t|\leqslant\sqrt{3}.\end{cases}$

7.5.6. 提示：建立坐标系, 可设半径为 R 的球面球心在原点, 定球面的球心坐标为 $(0,0,a)$, 则由曲面积分可得到面积关于 R 的函数表达式 $S(R)=2\pi R^2-\frac{\pi}{a}R^3$, 求此函数在 $(0,+\infty)$ 上的最大值点即可得证.

习 题 7.6

7.6.1. 1. $\frac{1}{3}$; 2. $\frac{4}{3}\pi a^3\left(1-\frac{1}{e}\right)$.

7.6.2. $2a^2$.

7.6.3. $\left(\frac{6}{5},0\right)$.

7.6.4. 1. $\left(\frac{3}{5}a,\frac{3\sqrt{2}}{8}a\right)$; 2. $\left(\frac{\pi}{4},0\right)$; 3. $\left(\pi a,\frac{5}{6}a\right)$.

7.6.5. 1. $\left(0,0,\frac{3}{8}a(1+\cos\alpha)\right)$; 2. $\left(0,0,\frac{7}{20}\right)$.

7.6.6. 1. 在扇形对称轴上距离圆心 $\frac{a\sin\alpha}{\alpha}$ 处; 2. $\left(\frac{4}{5}a,0\right)$.

7.6.7. $\left(\frac{a}{2},0,\frac{16a}{9\pi}\right)$.

7.6.8. 1. $\frac{8}{5}a^4$; 2. $\frac{4}{15}\pi a^5(9\sqrt{3}-11)$; 3. $\frac{1}{2}\pi ha^4$, $\frac{1}{12}\pi ha^2(3a^2+h^2)$.

7.6.9. $\frac{28}{15}\pi R^5$.

7.6.10. $2\pi a^2\sqrt{a^2+k^2}\left(a^2+\frac{4}{3}\pi^2k^2\right)$.

7.6.11. $\frac{4}{3}\pi a^4\rho_0$.

7.6.12. $\boldsymbol{F}=2\pi km\mu(R+h-\sqrt{R^2+h^2})\boldsymbol{k}$ (k 为引力常数).

7.6.13. $\boldsymbol{F}=(0,0,km\pi\mu)$ (k 为引力常数).

7.6.14. $y=Cx^{\frac{3}{2}}$ $\left(提示：利用切片法求三重积分后可得到积分方程 \int_0^x tf^2(t)dt=\frac{4}{5}x\int_0^x f^2(t)dt\right)$.

习 题 7.7

7.7.1. 1. πa^2; 2. $\frac{1}{12}, \frac{17}{30}, -\frac{1}{2}$; 3. 0; 4. $\frac{8}{3}\pi^3$; 5. -6π; 6. -4.

7.7.2. $-\frac{8}{15}$.

7.7.3. $ah+\frac{h^2}{2}$.

7.7.4. $\xi=\frac{a}{\sqrt{3}}$, $\eta=\frac{b}{\sqrt{3}}$, $\varsigma=\frac{c}{\sqrt{3}}$, $W_{\max}=\frac{\sqrt{3}}{9}abc$.

7.7.5. 1. -16; 2. $-\frac{\pi}{8}ma^2$; 3. $-6\pi^2$.

7.7.6. $\frac{3}{8}\pi a^2$.

7.7.7. $\frac{1}{2}\left(1-\frac{1}{e}\right)$.

7.7.9. 1. $x^4-2x^2y^2+y^4+C$; 2. $\frac{1}{2}\ln(x^2+y^2)+C$.

7.7.10. 1. 4; 2. $1+\pi$.

7.7.11. 1. 9; 2. -4; 3. 当 $R<1$ 时, 积分值为0, 当 $R>1$ 时, 积分值为 π.

7.7.12. $f(x)=-\frac{1}{2}\mathrm{e}^x$, $\frac{1}{2}\mathrm{e}$. **7.7.13.** $\frac{4}{3}\mathrm{e}^2-\frac{\mathrm{e}}{2}+\frac{1}{6\mathrm{e}}$. **7.7.14.** $4xy+y^2\sin x=C$.

7.7.15. $-\pi$ $\left(\text{提示：取 } P=Q=uv\text{, 可利用格林公式将二重积分化为 } \int_{\partial D^+} P\mathrm{d}x+Q\mathrm{d}y\right)$.

习 题 7.8

7.8.1. 1. $\iint\limits_{\Sigma}\left(\frac{3}{5}P+\frac{2}{5}Q+\frac{2\sqrt{3}}{5}R\right)\mathrm{d}S$; 2. $-\iint\limits_{\Sigma}\frac{2xP+2yQ+R}{\sqrt{1+4x^4+4y^2}}\mathrm{d}S$.

7.8.2. $-\frac{2}{3}$ (提示：化为第一型曲面积分来求解).

7.8.3. 1. $\frac{2}{105}\pi R^7$; 2. $\frac{1}{3}$; 3. $\frac{4}{3}\pi abc$; 4. $\frac{1}{2}\pi^2R$; 5. $\frac{125}{2}$. **7.8.4.** $-\frac{\pi}{2}h^2$.

习 题 7.9

7.9.1. 1. $\frac{2}{5}\pi a^5$; 2. πha^4; 3. 21π; 4. $(\mathrm{e}^{2a}-1)\pi a^2$.

7.9.3. 1. $2\pi a(a+b)$; 2. 0. **7.9.4.** $\frac{1}{3}h^3$.

习 题 7.10

7.10.1. $z=x^2+y^2$ $((x,y,z)\neq(0,0,0))$. **7.10.2.** $2\pi ha^2$. **7.10.3.** 6.

7.10.5. 提示：1. 化为第二型曲面积分的坐标形式, 用高斯公式得证; 2. 将球面方程代入被积表达式中, 用高斯公式求得积分得证; 3. 挖球洞求曲面积分得证.

7.10.6. 2π. **7.10.7.** $\frac{1}{3}$. **7.10.8.** $(z^2-xy)\boldsymbol{i}+yz\boldsymbol{k}$.

7.10.9. 1. $-xyz(x+y+z)+C$; 2. $-\frac{km_1m_2}{r}+C$. **7.10.10.** $a=b=2$, $-\frac{x^3+y^3+z^3}{3}-2xyz+C$.

第七章测试卷

一. 1. 0; 2. $\int_0^1\mathrm{d}y\int_{\sqrt{y}}^{3-2y}f(x,y)\mathrm{d}x$; 3. 0; 4. $\frac{l}{2}$; 5. $\frac{4\pi}{5}$; 6. $\frac{128}{3}\pi$; 7. -18π; 8. $\frac{3}{2}\pi$;

9. 0; 10. $2x+2$; 11. $2\{y-z,z-x,x-y\}$; 12. 3, $-\frac{2}{3}x^3-3x^2y+\frac{1}{3}y^3-z^3+C$.

二. 1. A; 2. C; 3. C; 4. B; 5. D; 6. D; 7. C.

三. 1. $\frac{1}{3}\left(\frac{\sqrt{3}}{2}+\frac{\pi}{3}\right)$. 2. $\frac{1-\cos 1}{3}$. 3. 336π. 4. $\frac{\pi^5}{40}$. 5. $\frac{64}{3}\pi$. 6. $\frac{\pi}{6}(8-5\sqrt{2})t^4$.

7. $\frac{8}{3}\pi a^4$. 8. $-\frac{4}{\pi}$. 9. $\frac{1}{4}\pi a^3$. 10. $\frac{8}{3}$. 11. $4\pi\tan 1$. 12. -24.

四. 1. 0.425. 2. 提示：利用二重积分的轮换对称性即可证明.

3. 提示：由 $\iint\limits_{\substack{a\leqslant x\leqslant b\\ a\leqslant y\leqslant b}}[f(x)g(y)-g(x)f(y)]^2\mathrm{d}x\mathrm{d}y\geqslant 0$ 可得证.

4. $\frac{1}{2}(a+b)\pi c^2$. 5. 提示：结合取整函数的不等式 $x-1<[x]\leqslant x$ 及夹逼定理可得证.

6. $k\left(1-\frac{1}{\sqrt{5}}\right)$. 7. $\varphi(x)=x^2$, $A=2\pi$.

8. $Q(x,y)=x^2+2y-1$.　　9. $I(t)=\mathrm{e}^{2-t}+t$, 最小值为3.

10. 提示：利用格林公式化为二重积分, 再结合轮换对称性可得证.　　11. $f(x)=\dfrac{\mathrm{e}^{2x}-\mathrm{e}^x}{x}$.

习 题 8.1

8.1.1. 1. $a_n=\dfrac{5}{1-4n^2}\ (n=2,3,\cdots)$, $S=\dfrac{1}{2}$;　2. $a_n=\left(\dfrac{3}{5}\right)^{n-1}$, $S=\dfrac{5}{2}$.

8.1.2. 1. 收敛, 和为$-\dfrac{\mathrm{e}}{3+\mathrm{e}}$;　2. 发散;　3. 收敛, 和为$1-\sqrt{2}$;　4. 收敛, 和为$\dfrac{1}{4}$.　　**8.1.3.** 8.

8.1.4. 1. 发散;　2. 发散;　3. 发散;　4. $x=0$时收敛, $x\neq 0$时发散.

8.1.5. 提示：在柯西收敛原理中取$p=1$即可由极限的定义得证.

8.1.6. 1. 发散;　2. 收敛.　　**8.1.7.** 提示：根据两个级数的部分和数列的关系来证.

8.1.8. 1. 发散;　2. $\alpha>\dfrac{1}{2}$时收敛, $\alpha\leqslant\dfrac{1}{2}$时发散;　3. 发散;　4. 收敛;　5. 收敛;

6. $0<x<1$时收敛, $x>1$时发散, $x=1$时, $p>1$收敛, $p\leqslant 1$发散;　7. 收敛;　8. 收敛;

9. $0<\alpha\leqslant 1$时发散, $\alpha>1$时收敛;　10. 收敛;　11. 收敛;　12. 发散;　13. 收敛;　14. 收敛;

15. $0<p\leqslant 1$时发散, $p>1$时收敛;　16. 收敛.

8.1.9. 提示：题中极限可变形为$\lim\limits_{n\to\infty}\dfrac{a_n}{\frac{1}{n}}=a$, 再结合极限的保号性与正项级数的比较判敛法的极限形式可证.

8.1.10. 提示：由题有$0\leqslant c_n-a_n\leqslant b_n-a_n$.

8.1.11. 提示：1. 由题可得$a_{n+1}\leqslant\dfrac{a_1}{b_1}b_{n+1}$, 或根据单调有界原理可得极限$\lim\limits_{n\to\infty}\dfrac{a_n}{b_n}$存在;　2. 由1易证.

8.1.12. 1. 绝对收敛;　2. 发散;　3. 绝对收敛;　4. 条件收敛;　5. 条件收敛;　6. 条件收敛;　7. 条件收敛;

8. $|x|<1$时绝对收敛, $|x|>1$时发散, $x=1$时发散, $x=-1$时条件收敛.

8.1.13. 提示：利用不等式$|ab|\leqslant\dfrac{1}{2}(a^2+b^2)$及比较判敛法得证.

8.1.14. 提示：$\dfrac{a_n}{S_n^2}\leqslant\dfrac{a_n}{S_{n-1}S_n}=\dfrac{1}{S_{n-1}}-\dfrac{1}{S_n}$.

8.1.15. 提示：考虑极限$\lim\limits_{n\to\infty}\dfrac{\left|f\left(\frac{1}{n}\right)\right|}{\frac{1}{n^2}}$; 或者由$f(x)$的1阶带Lagrange余项的泰勒公式得到$\left|f\left(\dfrac{1}{n}\right)\right|\leqslant\dfrac{M}{n^2}$, 其中$M$为函数$f''(x)$在点$x=0$某邻域内的最大值.

习 题 8.2

8.2.1. 和函数：$S(x)=-\dfrac{x^2}{2+x^2}$.

8.2.2. 1. $[-5,-1)$;　2. $\left(-\infty,-\dfrac{1}{2}\right)\cup\left(-\dfrac{1}{4},+\infty\right)$;　3. $(-2,2)$;　4. $(-1,1)$.

习 题 8.3

8.3.1. $(-1,1)$　(提示：利用阿贝尔定理求解).

8.3.2. 1. $[-1,1]$;　2. $[-4,0)$;　3. $\left(-\dfrac{1}{\sqrt{2}},\dfrac{1}{\sqrt{2}}\right)$;　4. $(-\sqrt{2},\sqrt{2})$;

5. $\left[\dfrac{1}{3},\dfrac{2}{3}\right)$;　6. $(-5,3)$;　7. $(-\sqrt{\mathrm{e}},\sqrt{\mathrm{e}})$.

8.3.3. 1. $\begin{cases} 1+\dfrac{1-x}{x}\ln(1-x), & x\in[-1,1)\text{且}x\neq 0, \\ 0, & x=0, \\ 1, & x=1; \end{cases}$　　2. $\begin{cases} \dfrac{1}{x}\ln\dfrac{2}{2-x}, & x\in[-2,2)\text{且}x\neq 0, \\ \dfrac{1}{2}, & x=0; \end{cases}$

3. $\dfrac{1}{4}\ln\dfrac{1+x}{1-x}+\dfrac{1}{2}\arctan x-x,\quad x\in(-1,1)$;　4. $\dfrac{3x-x^2}{(1-x)^3},\quad x\in(-1,1)$;　5. $\dfrac{x-x^2}{(1+x)^3},\quad x\in(-1,1)$;

6. $\dfrac{x-1}{(2-x)^2},\quad x\in(0,2)$;　7. $\begin{cases} \dfrac{x}{1+x}-2+\dfrac{2}{x}\ln(1+x), & x\in(-1,1)\text{且}x\neq 0, \\ 0, & x=0. \end{cases}$

8.3.4. 1. $-\dfrac{\sqrt{3}}{2}\arctan\dfrac{\sqrt{3}}{2}$;　2. $-\dfrac{8}{27}$;　3. $3\mathrm{e}$.　　**8.3.5.** 2. $\dfrac{1}{5}$.

8.3.6. 1. $\sum\limits_{n=0}^{\infty}(-1)^n\left(1-\dfrac{1}{2^{n+1}}\right)x^n,\quad x\in(-1,1)$;　2. $\sum\limits_{n=1}^{\infty}\left(\dfrac{(-1)^{n-1}2^n}{n}-\dfrac{1}{n}\right)x^n,\quad x\in\left(-\dfrac{1}{2},\dfrac{1}{2}\right]$;

3. $\sum\limits_{n=1}^{\infty}\dfrac{(-1)^{n-1}2^{2n-1}}{(2n)!}x^{2n},\quad x\in(-\infty,+\infty)$;　4. $x^2+\sum\limits_{n=1}^{\infty}\dfrac{(2n-1)!!}{n!2^n}x^{2n+2},\quad x\in(-1,1)$;

5. $\dfrac{\pi}{4}+\sum\limits_{n=0}^{\infty}\dfrac{(-1)^n}{(2n+1)\cdot 2^{4n+2}}x^{4n+2},\quad x\in(-2,2)$.

8.3.7. $f^{(n)}(0)=\begin{cases} 0, & n=2k, \\ \dfrac{(-1)^{k-1}(2k+1)!}{(k-1)!}, & n=2k+1 \end{cases}\quad (k=1,2,\cdots)$.

8.3.8. 1. $\dfrac{1}{2}\sum\limits_{n=0}^{\infty}\dfrac{(-1)^n}{(2n)!}\left(x+\dfrac{\pi}{3}\right)^{2n}+\dfrac{\sqrt{3}}{2}\sum\limits_{n=1}^{\infty}\dfrac{(-1)^{n-1}}{(2n-1)!}\left(x+\dfrac{\pi}{3}\right)^{2n-1},\quad x\in(-\infty,+\infty)$;

2. $\sum\limits_{n=0}^{\infty}(-1)^n\left(\dfrac{2^{n+1}}{7^{n+1}}-\dfrac{1}{4^{n+1}}\right)(x-2)^n,\quad x\in\left(-\dfrac{3}{2},\dfrac{11}{2}\right)$;

3. $\sum\limits_{n=1}^{\infty}\dfrac{(-1)^{n-1}n}{3^{n+1}}(x-3)^{n-1},\quad x\in(0,6)$;

4. $\ln\dfrac{1}{2}+\sum\limits_{n=1}^{\infty}\dfrac{(-1)^{n-1}}{n}\left(1-\dfrac{1}{2^n}\right)(x-1)^n,\quad x\in(0,2]$.

8.3.9. $S(x)=\sqrt{2}\sin\dfrac{x}{\sqrt{2}},\quad x\in(-\infty,+\infty)$;

$$S(x)=\cos\frac{\sqrt{2}}{2}\sum_{n=1}^{\infty}\frac{(-1)^{n-1}}{2^{n-1}(2n-1)!}(x-1)^{2n-1}+\sin\frac{\sqrt{2}}{2}\sum_{n=0}^{\infty}\frac{(-1)^n}{2^{n-\frac{1}{2}}(2n)!}(x-1)^{2n}.$$

8.3.10. 1. 0.1736;　2. 0.2505.

8.3.11. 1. $\mathrm{e}^x\cos x=1+x-\dfrac{1}{3}x^3-\dfrac{1}{6}x^4-\dfrac{1}{30}x^5+\cdots,\quad x\in(-\infty,+\infty)$;

2. $\mathrm{e}^x\sin x=x+x^2+\dfrac{1}{3}x^3-\dfrac{1}{30}x^5+\cdots,\quad x\in(-\infty,+\infty)$.

习　题　8.4

8.4.2. $f(x)\sim\dfrac{3}{4}+\sum\limits_{n=1}^{\infty}\dfrac{3\left((-1)^n-1\right)}{n^2\pi^2}\cos nx+\dfrac{(-1)^{n-1}}{n\pi}\sin nx$.

8.4.3. $S(x)=\begin{cases} f(x), & x\in(-\pi,\pi)\text{且}x\neq\pm2, \\ 0, & x=\pm\pi, \\ \dfrac{e^2}{2} & x=2, \\ \dfrac{e^{-2}}{2}, & x=-2; \end{cases}$ $S(3\pi)=0$, $S\left(\dfrac{7\pi}{2}\right)=e^{-\frac{\pi}{2}}$, $S(2\pi-2)=\dfrac{e^{-2}}{2}$.

8.4.4. 1. $f(x)=1+\dfrac{e^{\pi}-e^{-\pi}}{\pi}+\dfrac{2(e^{\pi}-e^{-\pi})}{\pi}\sum\limits_{n=1}^{\infty}\dfrac{(-1)^n}{n^2+1}(\cos nx-n\sin nx)$, $x\in(-\pi,\pi)$,

当 $x=\pm\pi$ 时, 级数收敛于 $1+\dfrac{e^{\pi}+e^{-\pi}}{2}$;

2. $f(x)=\sum\limits_{n=1}^{\infty}\dfrac{2((-1)^n-1)}{n\pi}\sin nx$, $x\in(-\pi,0)\cup(0,\pi)$, 当 $x=0$ 及 $\pm\pi$ 时, 级数收敛于 0 .

8.4.5. $f(x)=\sum\limits_{n=1}^{\infty}\dfrac{1}{n}\sin nx$, $x\in(0,\pi]$, 当 $x=0$ 时, 级数收敛于 0 .

8.4.6. $f(x)=\dfrac{2h}{\pi}\left[\dfrac{1}{2}+\sum\limits_{n=1}^{\infty}\left(\dfrac{\sin nh}{nh}\right)^2\cos nx\right]$, $x\in[0,\pi]$; $\dfrac{\pi}{2h}-\dfrac{1}{2}$.

8.4.7. $f(x)=\sum\limits_{n=1}^{\infty}\dfrac{4(1-(-1)^n)}{\pi n^3}\sin nx$, $x\in(0,\pi]$, 当 $x=0$ 时, 级数收敛于 0 .

8.4.8. 1. $f(x)=\dfrac{l}{2}+\sum\limits_{n=1}^{\infty}\dfrac{2l((-1)^n-1)}{n^2\pi^2}\cos\dfrac{n\pi}{l}x$, $x\in[-l,l]$;

2. $f(x)=\dfrac{1}{2}+\dfrac{8}{\pi}\sum\limits_{n=1}^{\infty}\dfrac{\sin\frac{n}{2}}{(4n-n^3)\pi}\cos\dfrac{n\pi}{2}x$, $x\in[-2,2]$.

8.4.9. $f(x)=\dfrac{1}{2}\sin\dfrac{\pi}{l}x-\dfrac{4}{\pi}\sum\limits_{n=1}^{\infty}\dfrac{(-1)^n n}{4n^2-1}\sin\dfrac{2n\pi}{l}x$, $x\in\left(0,\dfrac{l}{2}\right)\cup\left(\dfrac{l}{2},l\right]$,

当 $x=0$ 及 $x=\dfrac{l}{2}$ 时, 级数分别收敛于 0 和 $\dfrac{1}{2}$.

8.4.10. $f(x)=\sum\limits_{n=1}^{\infty}\dfrac{4((-1)^n-1)}{n^2\pi^2}\cos\dfrac{n\pi}{2}x$, $x\in[0,2]$; $\sum\limits_{n=1}^{\infty}\dfrac{1}{n^2}=\dfrac{\pi^2}{6}$.

8.4.11. $f(x)=\sum\limits_{n=1}^{\infty}\dfrac{10(-1)^n}{n}\sin\dfrac{n\pi}{5}x$, $x\in(5,15)$, 当 $x=5$ 及 $x=15$ 时, 级数收敛于 0 .

第八章测试卷

一. 1. $p>\dfrac{1}{2}$; 2. 2; 3. 3; 4. $\left|\dfrac{a}{b}\right|$; 5. $\left[-\dfrac{1}{3},\dfrac{1}{3}\right)$; 6. $(-2,2]$; 7. $2\ln2-1$;

8. $2e+\ln2$; 9. $-\dfrac{7}{3}$; 10. $\dfrac{4}{9\pi^2}$; 11. $-\dfrac{\pi^2}{9}$, 0; 12. $\begin{cases} x, & -\pi<x<0, \\ \dfrac{1}{2}, & x=0 \\ 1, & 0<x<\pi, \\ \dfrac{1-\pi}{2}, & x=\pm\pi. \end{cases}$

二. 1. C; 2. C; 3. A; 4. C; 5. A; 6. C; 7. A; 8. C; 9. D; 10. C.

三. 1. $\left[\dfrac{1}{2},+\infty\right)$. 2. $\{0\}\cup(1,+\infty)$. 3. $(-\infty,-1)\cup(-1,+\infty)$. 4. $-\ln|x-3|$ $(3<x\leqslant5)$.

5. $\begin{cases} \dfrac{1}{(1-x)^2}-\dfrac{4}{1-x}-\dfrac{4\ln(1-x)}{x}, & x\in(-1,1)\text{ 且 }x\neq 0, \\ 1, & x=0. \end{cases}$

四. 1. $a>\mathrm{e}$ 时收敛, $0<a\leqslant \mathrm{e}$ 时发散.　2. 收敛.　3. 收敛.　4. 收敛.

5. 条件收敛.　6. 条件收敛.　7. $p>2$ 时绝对收敛, $0<p\leqslant 2$ 时条件收敛, $p\leqslant 0$ 时发散.

8. 提示：由级数 $\sum\limits_{n=1}^{\infty}(a_n-a_{n-1})$ 的部分和数列有界得到数列 $\{a_n\}$ 有界.

9. 收敛 (提示: 利用反证法及根值判敛法来说明).

10. 提示：(1) M-判别法;　(2) 对 (1) 中级数的和函数在区间 $\left(0,\dfrac{\pi}{2}\right)$ 上用 Lagrange 中值定理.

11. $\dfrac{1}{3}\sum\limits_{n=0}^{\infty}\left[(-1)^n 2^{n+1}+1\right]x^{n+3},\quad x\in\left(-\dfrac{1}{2},\dfrac{1}{2}\right).$　12. $\sum\limits_{n=1}^{\infty}\dfrac{(-1)^{n-1}}{(2n-1)\cdot(2n-1)!}x^{2n-1},\quad x\in(-\infty,+\infty).$

13. $f^{(n)}(0)=(2^{n+1}-1)\cdot n!$ (提示: 利用比值判敛法来证明).

14. $$f(x)=\frac{1+\pi-\mathrm{e}^{-\pi}}{2\pi}+\frac{1}{\pi}\sum_{n=1}^{\infty}\left[\frac{1-(-1)^n\mathrm{e}^{-\pi}}{1+n^2}\cos nx+\left(\frac{-n+(-1)^n n\mathrm{e}^{-\pi}}{1+n^2}+\frac{1-(-1)^n}{n}\right)\sin nx\right],\quad x\in(-\pi,\pi),$$

$$S(x)=\begin{cases} f(x), & -\pi<x<\pi, \\ \dfrac{1+\mathrm{e}^{-\pi}}{2}, & x=\pm\pi. \end{cases}$$

15. $f(x)=\dfrac{\pi^2}{6}+\sum\limits_{n=1}^{\infty}\dfrac{-2(1+(-1)^n)}{n^2}\cos nx,\quad x\in[0,\pi]$ $\left(\text{提示：证明数项级数的和时, 考虑 } f\left(\dfrac{\pi}{2}\right)\right)$.

16. $f(x)=\dfrac{1}{\pi}+\dfrac{1}{2}\cos\dfrac{\pi x}{l}-\dfrac{2}{\pi}\sum\limits_{n=1}^{\infty}\dfrac{(-1)^n}{4n^2-1}\cos\dfrac{2n\pi}{l}x,\quad x\in[2l,3l).$